GEOGRAFIA

ESPAÇO E VIVÊNCIA 6

Levon Boligian

Licenciado em Geografia pela Universidade Estadual de Londrina (UEL - PR).
Doutor em Ensino de Geografia pela Universidade Estadual Paulista (UNESP).
Professor de Metodologia do Ensino de Geografia no Ensino Superior.
Assessor educacional na rede particular de ensino.
Autor de livros didáticos para o Ensino Fundamental e Ensino Médio.

Rogério Martinez

Licenciado em Geografia pela Universidade Estadual de Londrina (UEL - PR).
Mestre em Educação pela Universidade Estadual Paulista (UNESP) – campus M
Professor da rede pública no estado do Paraná.
Presta assessoria e realiza palestras para professores de Geografia em escolas particulares e públicas.
Autor de livros didáticos para o Ensino Fundamental e Ensino Médio.

Andressa Turcatel Alves Boligian

Bacharel e licenciada em Geografia pela Universidade Estadual de Londrina (UEL - PR).
Arte-educadora licenciada em Artes Visuais pela Universidade Estadual de Londrina (UEL - PR).
Mestre em Geografia pela Universidade Estadual Paulista (UNESP).
Professora de Geografia e de Artes Visuais no Ensino Fundamental e na formação continuada de professores do Ensino Básico.
Assessora educacional na rede particular de ensino.
Autora de livros didáticos para o Ensino Fundamental e Ensino Médio.

Wanessa Pires Garcia Vidal

Licenciada em Geografia pela Universidade Estadual de Londrina (UEL - PR).
Pós-graduada em Avaliação Educacional pela Universidade Estadual de Londrina (UEL - PR).
Mestre em Educação pela Universidade Estadual de Londrina (UEL - PR).
Atuou como professora de Educação Infantil e Ensino Fundamental na rede particular no estado do Paraná.
Presta assessoria e realiza palestras para professores de Geografia em escolas particulares e públicas.
Autora de livros didáticos para o Ensino Fundamental e Ensino Médio.

Atual Editora

6ª edição ▪ São Paulo ▪ 2016

Introdução à ciência geográfica

Geografia: espaço e vivência – 6º ano (Ensino Fundamental)

Dados Internacionais de Catalogação na Publicação (CIP)
(Câmara Brasileira do Livro, SP, Brasil)

Geografia espaço e vivência / Levon Boligian... [et al.]. -- 6. ed. -- São Paulo : Atual, 2016.

Outros autores: Rogério Martinez, Wanessa Garcia Vidal, Andressa Alves
Obra em 4 v. para alunos do 6º ao 9º ano.

1. Geografia (Ensino fundamental) I. Boligian, Levon. II. Martinez, Rogério. III. Vidal, Wanessa Garcia. IV. Alves, Andressa.

16-06027 CDD-372.891

Índice para catálogo sistemático:

1. Geografia : Ensino fundamental 372.891

ISBN 978-85-5769-013-4 (aluno)
ISBN 978-85-5769-014-1 (professor)

Paisagem de lavouras de chá e mata ciliar, no Quênia, registrada por Yann Arthus-Bertrand.
A intensidade com que o ser humano tem transformado as paisagens terrestres e a necessidade de se conservar a natureza estão expressas nesta imagem.

Gerente editorial M. Esther Nejm
Editor responsável Wagner Nicaretta

Produção editorial Scriba Projetos Editoriais
Coordenação de produção Cristiano J. Silva
Assistência editorial Rodolfo Rodrigues Souza e André W. Metz da Costa
Projeto gráfico R. Hatadani
Capa M. Pialarissi
Imagem de capa Yann Arthus-Bertrand/Altitude
Pesquisa iconográfica Tulio Sanches P.
Tratamento de imagens José V. E. Costa
Cartografia Edson B. C., Sonia Vaz
Diagramação Renan Alves Costa
Preparação de texto Shirley Gomes
Revisão Viviane Mendes
Edição de ilustrações Ana Carneiro, Eduardo C. dos Santos e R. Hatadani
Ilustrações A. Rosseto, Bruno O. Sampaio, Bruno Santos, Camila F. Carmona Eduardo C. dos Santos, Estúdio Amplarena, G. Machado Gilberto Alicio, Ingridhi Fratoni, Ishikawa, L. Mari Loyola, M. Nakano, R. Hatadani, Renan Fonseca Somma Studio, Studio Caparroz
Produtor gráfico Robson Cacau Alves
732402.006.001 **Impressão e acabamento** Bercrom Gráfica e Editora

Atual Editora

SAC 0800-0117875
De 2ª a 6ª, das 8h às 18h
www.editorasaraiva.com.br/contato

Avenida das Nações Unidas, 7221 – 1º andar – Setor C - Pinheiros – CEP 05425-902

Seu livro de Geografia

Ao ler as palavras ao lado, o que vem à sua mente? Que relação você imagina que exista entre elas? Neste livro, você vai descobrir como essas palavras estão relacionadas aos estudos de Geografia. Você sabia, por exemplo, que estudar Geografia nos ajuda a perceber melhor as transformações que nós, seres humanos, produzimos nas paisagens terrestres? E que ao refletirmos sobre essas transformações podemos compreender a realidade do lugar onde vivemos, do nosso país e do mundo? Quando interagimos dessa maneira, podemos nos relacionar melhor com as outras pessoas e participar mais ativamente da vida em comunidade, o que nos leva a um exercício mais pleno da nossa cidadania.

LUGAR
PESSOAS PAÍS
COMUNIDADE
TRANSFORMAÇÕES
SOCIEDADE CULTURA
PAISAGENS
MUNDO

Portanto, este livro foi planejado para auxiliá-lo a compreender os processos e fenômenos que nos cercam, sejam eles naturais ou sociais, a fim de que você elabore, etapa por etapa, seu conhecimento geográfico.

Conhecer um pouco mais sobre seu livro de Geografia vai, certamente, ajudá-lo em seus estudos e no aproveitamento das aulas. Veja a seguir como este livro está organizado.

Fotomontagem com a composição da fotografia 3dsguru/Thinkstock/Getty Images

Aberturas de unidade

Nessas páginas, você encontrará **textos** e/ou **imagens** 1, acompanhados de **questões** 2 que permitirão o primeiro contato com os assuntos a serem estudados nos capítulos seguintes.

Páginas de conteúdo

No início dos capítulos, você poderá encontrar algumas **questões** 3 que permitirão compartilhar com o professor e os colegas o que você já sabe sobre o assunto a ser estudado. No **vocabulário** 4, você encontrará o significado dos termos técnicos e científicos destacados em cinza ao longo do texto. Nos **boxes** 5 estão algumas informações teóricas complementares ou estudos de casos.

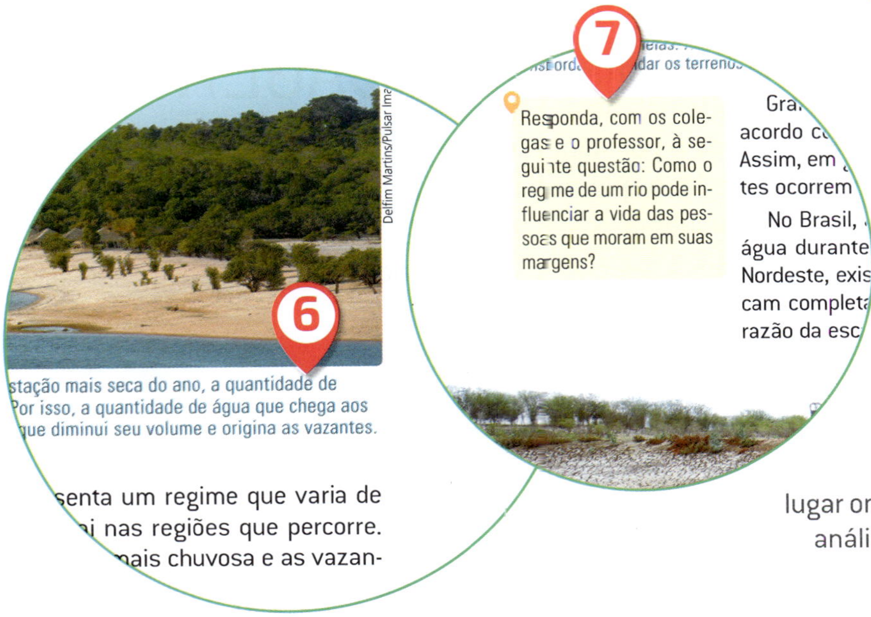

A observação das imagens e a leitura das **legendas** 6 auxiliam na compreensão dos assuntos estudados. Os **questionamentos** 7 que aparecem ao longo dos conteúdos permitem que você opine, debata com colegas ou relacione o assunto estudado com a realidade do lugar onde mora. Outras questões orientam a análise de imagens e estimulam a troca de ideias entre você e seus colegas.

Páginas de atividade

Ao final de cada capítulo você encontrará páginas de atividades. Nelas, existem **questões** 8 para você exercitar e ampliar a compreensão do conteúdo estudado, além de **atividades variadas** 9, como análise de mapas, gráficos, pesquisas, trabalhos em grupo, debates, elaboração de mapas, cartazes e textos.

Fotomontagem com a composição da fotografia 3dsguru/Thinkstock/Getty Images

Fotomontagem com a composição da fotografia 3dsguru/Thinkstock/Getty Images

O mundo em leitura

Essa seção, apresentada ao final de alguns capítulos, traz temas diversos, relacionados ao estudo da unidade, apresentando a você uma oportunidade de ampliar seus conhecimentos, assim como de aprender cada vez mais a obter informações e analisá-las.

Caderno de temas especiais

Os estudos propostos neste caderno proporcionam a você desenvolver importantes procedimentos de estudo e análise por meio de diferentes atividades, além de ampliar seus conhecimentos a respeito de diversos assuntos.

Fotomontagem com a composição da fotografia 3dsguru/Thinkstock/Getty Images

Ícones

Em meio às páginas do livro, você vai encontrar símbolos que indicam alguns trabalhos específicos. O símbolo **Vivência e...** indica que o tema trabalhado naquele momento permite que você desenvolva sua cidadania. Já o símbolo **Giro pela...** indica que seus estudos geográficos estão integrados com outras áreas do conhecimento, como Ciências, Arte e Matemática.

Vivência e saúde

Giro pela História

SUMÁRIO

UNIDADE I

GEOGRAFIA: CIÊNCIA DO ESPAÇO

KidStock/Blend Images/Easypix

As crianças da fotografia estão promovendo uma mudança no lugar.

1. Que mudança é essa? O que essa mudança pode ocasionar imediatamente a esse lugar? E depois de passado algum tempo?
2. De que outras maneiras os lugares podem ser transformados?
3. Converse com os colegas sobre as mudanças que vocês têm observado nos lugares que frequentam.

CAPÍTULO 1

O lugar, as paisagens e o espaço geográfico

Os rios, os mares e as montanhas, entre tantos outros elementos naturais, ocupam lugar na superfície terrestre.

Assim como os demais seres vivos, cada ser humano habita um lugar sobre a Terra. Esse lugar pode ser, por exemplo, uma cidade ou uma fazenda, um deserto ou uma ilha, enfim, qualquer ponto na imensidão do nosso planeta.

Dessa forma, quando queremos localizar algo ou alguém no espaço terrestre, sempre nos referimos a um lugar. Esse lugar, por sua vez, relaciona-se com outros lugares.

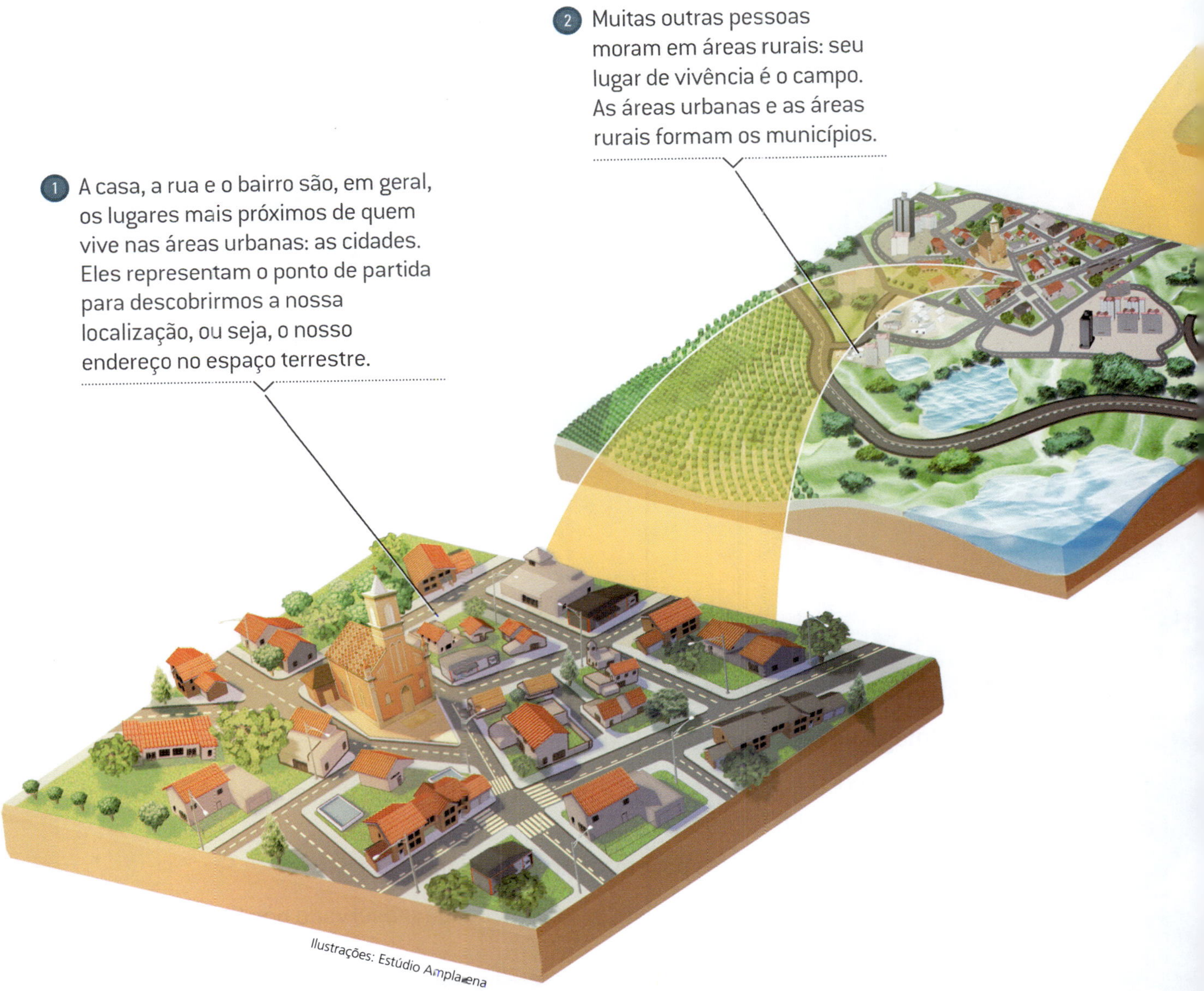

Ilustrações: Estúdio Amplaena

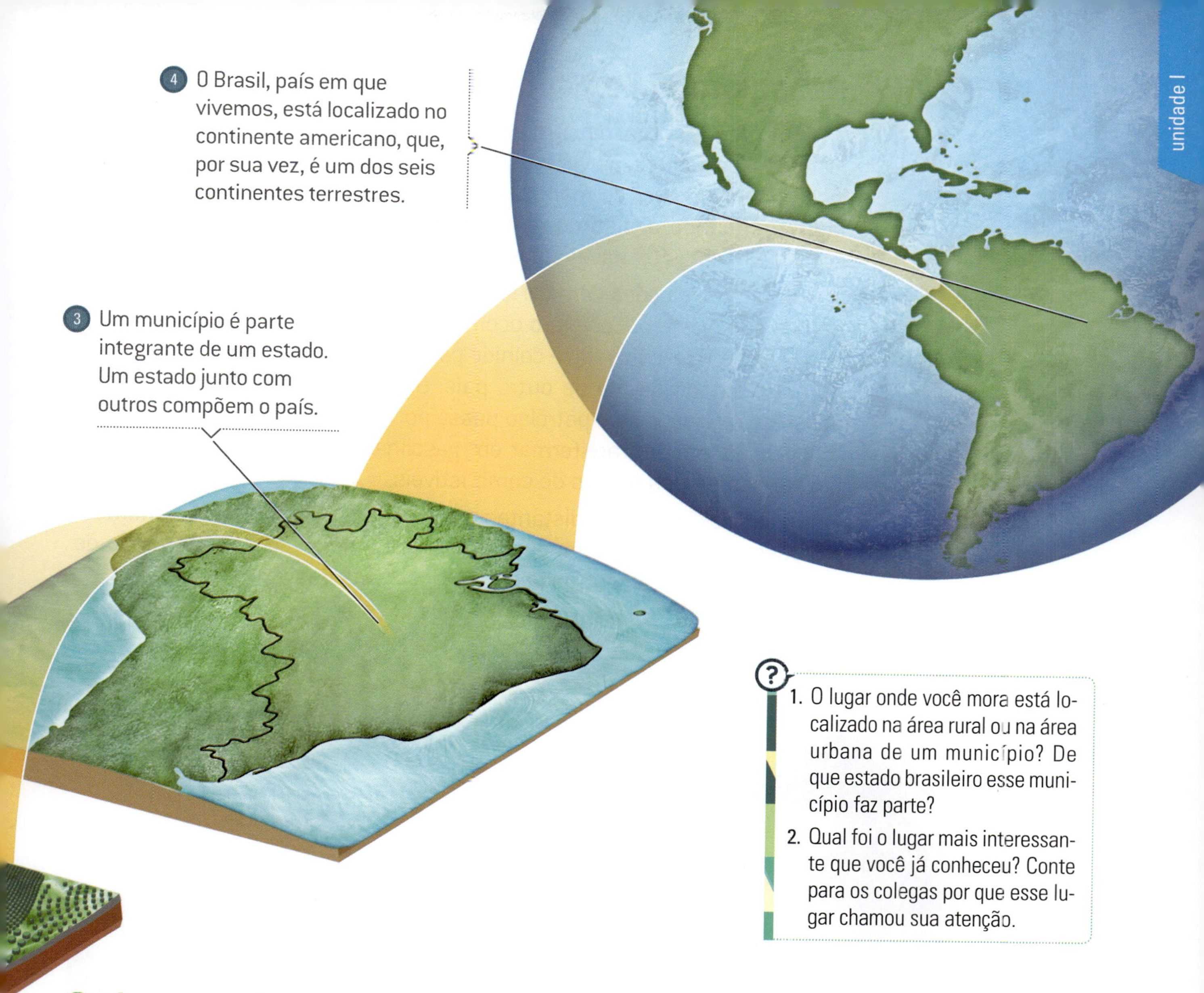

1. O lugar onde você mora está localizado na área rural ou na área urbana de um município? De que estado brasileiro esse município faz parte?
2. Qual foi o lugar mais interessante que você já conheceu? Conte para os colegas por que esse lugar chamou sua atenção.

Os lugares do nosso dia a dia

Além da casa em que moramos, frequentamos muitos lugares. Pense em uma pessoa que trabalha e estuda em uma grande cidade. Ela precisa passar por diversos lugares todos os dias, como o ponto de ônibus próximo a sua casa, seu local de trabalho e a escola onde estuda. Muitas vezes, essa pessoa acaba visitando outros lugares que não fazem parte de sua rotina diária: uma praça ou um parque do bairro, o cinema, a casa de um parente ou amigo...

Lugares como a rua, o bairro, o local de trabalho, a escola e o parque fazem parte do cotidiano de muitas pessoas. É neles que construímos nossos laços afetivos e nossa identidade.

1. No caminho de casa até a escola, você percorre vários lugares. Observe e descreva como são esses lugares.
2. Conte para os colegas como é o seu cotidiano. Que lugares você costuma frequentar em seu dia a dia? E quais atividades realiza em cada um desses lugares?

Nossas relações com outros lugares

Como vimos, a rua, o bairro e a escola fazem parte do nosso cotidiano. Além desses lugares, às vezes, conhecemos locais distantes e diferentes. Isso pode acontecer de maneira direta, quando viajamos, ou de maneira indireta, quando assistimos a um noticiário na televisão, lemos livros, jornais e revistas ou navegamos na internet.

Mantemos relações com certos lugares que, muitas vezes, nem imaginamos que existem. Esse fato ocorre, por exemplo, quando comemos um pão, cujo trigo foi cultivado e colhido por trabalhadores de outro município, de outro estado ou até de outro país. O mesmo ocorre quando alguém abastece o carro, pois o petróleo passa por várias etapas, iniciando com a prospecção, até se transformar em gasolina nas refinarias e chegar aos consumidores nos postos de combustíveis.

prospecção: pesquisa do subsolo com o objetivo de localizar reservas, como as de petróleo, e calcular sua dimensão e valor

Os lugares, por mais distantes que estejam uns dos outros, mantêm relações entre si, o que muitas vezes pode influenciar o nosso modo de viver e também o de outras pessoas. Observe a imagem a seguir.

Tetra Images/Corbis/Latinstock

Troque ideias com os colegas sobre outros exemplos de relações que estabelecemos com os lugares.

Lugar e paisagem

Vista do espaço, a milhares de quilômetros de distância, a Terra se assemelha a uma grande esfera azul. Entretanto, quando a observamos mais de perto, percebemos que em sua superfície existe uma infinidade de lugares com paisagens diferentes.

Há paisagens marcadas pelo predomínio de elementos da natureza, como as cadeias de montanhas, os desertos, as florestas ou as grandes geleiras. Essas paisagens são denominadas **paisagens naturais**. Já em outras partes do planeta, as paisagens podem ser marcadas por elementos construídos pela sociedade, como edifícios, casas, arruamentos, fábricas, plantações ou estradas. Essas paisagens são chamadas **paisagens culturais**.

Podemos dizer que uma paisagem apresenta-se como a expressão visível dos elementos existentes em um lugar qualquer do espaço terrestre.

Michele Burgess/Alamy/Glow Images

Parque Nacional Torres del Paine, entre a Patagônia e os Andes, no Chile, em fotografia de 2012. No parque, observa-se uma paisagem com o predomínio de elementos naturais.

Proehl Studios/Corbis/Latinstock

Nesta imagem, é possível perceber o resultado da ação do ser humano no cultivo irrigado realizado na Califórnia, região de clima seco nos Estados Unidos, em 2013.

Observe as imagens acima e identifique nas paisagens os elementos culturais e naturais que mais se destacam em cada uma. Troque ideias com seus colegas a esse respeito e faça uma lista, no caderno, dos elementos que encontraram.

Atividades

Revisão

1 Liste, no caderno, cinco lugares que você costuma frequentar todas as semanas. O que você faz em cada um deles? Converse com seus colegas sobre o que eles responderam.

2 Indique três lugares distantes com os quais você, constantemente, mantém uma relação indireta. Descreva o tipo de relação que você mantém com esses lugares.

3 Cite três exemplos de elementos:

a) da natureza que podemos encontrar em uma paisagem natural;

b) construídos pelos seres humanos que podemos encontrar em uma paisagem cultural.

4 Escolha uma paisagem natural ou uma paisagem humanizada que você conhece ou gostaria de conhecer e desenhe-a no caderno.

Análise de texto

5 Leia com atenção a letra da música a seguir.

Giro pela Língua Portuguesa

Ilustrações: R. Hatadani

Oras bolas

Oi, oi, oi
Olha aquela bola
A bola pula bem no pé
No pé do menino
Quem é esse menino?
Esse menino é meu vizinho
Onde ele mora?
Mora lá naquela casa
Onde está a casa?
A casa tá na rua
Onde está a rua?
Tá dentro da cidade
Onde está a cidade?
Tá do lado da floresta
Onde está a floresta?
A floresta é no Brasil
Onde está o Brasil?
Tá na América do Sul
No continente americano
Cercado de oceano
E das terras mais distantes
De todo o planeta

E como é o planeta?
O planeta é uma bola
Que rebola lá no céu

Oi, oi, oi
Olha aquela bola...

Paulo Tatit; Edith Derdyk; Oras bolas. In: *Palavra Cantada 10 anos*. São Paulo: MCD, 2004. © Palavra Cantada Produções Musicais.

a) Faça uma lista dos lugares mencionados na letra da música.

b) Existem lugares citados na letra da música que fazem parte do seu dia a dia? Quais?

c) Copie o quadro abaixo no caderno e substitua as figuras ▢ pelas informações corretas.

Cidade • Continente • Brasil • Rua

Do local... ... ao global.

CASA ⟶ ▢ ⟶ ▢ ⟶ ▢ ⟶ ▢ ⟶ PLANETA

Trabalho com representações

6 A observação dos elementos de uma paisagem, seja ela natural ou cultural, pode ser feita por partes. Essas partes são chamadas **planos da paisagem**. No primeiro plano, sempre estão os elementos mais próximos de quem está observando uma paisagem. Nele, esses elementos podem ser observados com mais clareza do que nos outros planos. No último plano, estão os elementos mais distantes de quem está observando a paisagem. Veja o exemplo a seguir.

Paisagem

Planos da paisagem

Fotografias: José Bassit/Pulsar Imagens

Paisagem da cidade de Parati, no estado do Rio de Janeiro, em 2013.

a) Escreva, no caderno, os elementos naturais e culturais que você observa em cada um dos planos destacados na imagem acima.

b) Em qual dos planos da paisagem predominam elementos culturais?

c) Em quais deles predominam elementos naturais?

CAPÍTULO 2

As paisagens e a Geografia

Observe as paisagens abaixo.

Alan Copson/JAI/Corbis/Latinstock

Paisagem de um bairro da cidade de Alkmaar, localizada na porção norte da Holanda, em 2013.

Gerson Gerloff/Pulsar Imagens

Paisagem de plantação de maçãs, com trabalhadores realizando a colheita, em Veranópolis, Rio Grande do Sul, em 2013.

1. Que característica mais chamou sua atenção em cada uma das paisagens representadas acima?
2. Existem diferenças no modo de vida dos habitantes desses dois lugares? Que diferenças são essas?

Cada paisagem apresenta características que a tornam única. Podemos afirmar que, na superfície terrestre, não existem duas paisagens originalmente idênticas, isto é, que tenham exatamente as mesmas características.

As particularidades da paisagem de um lugar se expressam pela diversidade de seus elementos naturais e culturais. Na paisagem de uma área agrícola, por exemplo, as peculiaridades podem estar no tipo de lavoura e de criação, no relevo plano ou acidentado, na formação vegetal predominante e assim por diante. Na paisagem de uma cidade, essas características podem estar no traçado das ruas, na arborização, na quantidade de pessoas e de veículos em trânsito, no estilo das construções ou nos monumentos.

arborização: plantação de árvores em determinados lugares (praças, bosques, ruas etc.)

Observando as características das paisagens, podemos saber como os habitantes dos diversos lugares do planeta se relacionam com a natureza, e como, em sociedade, desenvolvem suas atividades, quais são seus costumes e suas tradições. Ou seja, as paisagens expressam a relação dos seres humanos com o espaço em que vivem.

A paisagem e o tempo

As paisagens terrestres também nos revelam a história dos lugares. Nelas, estão registradas as transformações pelas quais os elementos da natureza e os da sociedade passam ao longo do tempo.

Essas transformações ocorrem por meio de processos ou de fenômenos naturais (erosão de uma montanha, erupção de um vulcão, mudanças climáticas etc.) ou pela interferência do ser humano (crescimento das cidades, derrubada de florestas, construção de pontes, estradas ou hidrelétricas, mudança na fachada das casas e prédios etc.).

Michael Matti/Alamy/Latinstock

Os cânions são vales profundos escavados pela ação das águas dos rios durante milhões de anos. Na fotografia ao lado, de 2012, vemos as paredes abruptas do Grand Canyon, nos Estados Unidos, que foram esculpidas pelas águas do rio Colorado ao longo do tempo.

Nas construções de uma cidade, podemos identificar aspectos do passado e aspectos do presente. Na imagem ao lado, observamos o contraste entre a arquitetura colonial do Paço Imperial e a fachada moderna de um prédio, no centro da cidade do Rio de Janeiro, em 2011.

J. L. Bulcão/Pulsar Imagens

? Pense nas imediações do lugar onde você mora e tente se lembrar do que mudou na paisagem nos últimos meses ou mesmo nos últimos anos. Enumere, no caderno, algumas dessas mudanças e tente descobrir o que, provavelmente, as ocasionou. Procure saber também que mudanças os colegas perceberam na paisagem do lugar onde moram.

O processo de humanização da paisagem

Giro pela História

Desde o seu surgimento, o ser humano modifica os elementos naturais presentes na superfície terrestre. Até cerca de dois séculos atrás, essas interferências eram pouco significativas, pois, em geral, estavam relacionadas com a ocupação de algumas áreas para a realização de atividades agrícolas e pastoris.

1 Copacabana 1872

Até o final do século XIX, a praia de Copacabana, localizada na zona sul da cidade do Rio de Janeiro, apresentava uma paisagem natural praticamente intocada e era ocupada apenas por algumas famílias de pescadores. A imagem **1** apresenta a paisagem que, mais tarde, se transformaria no famoso bairro carioca, registrada pelo pintor italiano Nicolao Facchinetti, em 1872.

Nicolao Antonio Facchinetti. Vista de Copacabana tomada da ladeira do Leme, 1872. Coleção Sergio Savione Fadel, Rio de Janeiro, Brasil

2 Copacabana 1915

Já no início do século XX, essa mesma área da cidade do Rio de Janeiro começou a ser loteada e ocupada principalmente por pessoas que passaram a construir ali mansões e hotéis de luxo. Com a ampliação das linhas de bonde, o bairro foi ganhando ruas e avenidas, e se integrando à cidade. A imagem **2** retrata uma vista geral do bairro de Copacabana em 1915.

Acervo Iconographia

Com o desenvolvimento da atividade industrial, o crescimento da população e o aumento das áreas urbanas em quase todo o mundo, as transformações promovidas na natureza pela humanidade tornaram-se cada vez mais intensas.

As imagens a seguir retratam um exemplo de humanização da paisagem. Por meio delas, podemos observar três fases do processo de ocupação e transformação do bairro de Copacabana.

1. Observe as imagens **1**, **2** e **3** e descreva, no caderno, as principais transformações ocorridas entre a paisagem do bairro de Copacabana do final do século XIX e a paisagem mais recente.
2. Que elementos mudaram? Quais permanecem?
3. Converse com seus colegas a respeito desses aspectos.

3 Copacabana ATUALMENTE

Atualmente, vivem em Copacabana em torno de 160 mil pessoas, e o bairro está repleto de prédios, ruas e avenidas, como podemos observar na imagem **3**, em fotografia registrada no ano de 2013.

Richard Sowersby/Alamy/Latinstock

As paisagens culturais e o espaço geográfico

Nos primeiros tempos de sua existência, há muitos milhares de anos, o ser humano pouco alterava os elementos da natureza, retirando dela apenas o que necessitava para sobreviver.

No decorrer da história, determinadas sociedades passaram a desenvolver técnicas e instrumentos para extrair mais recursos da natureza. Por meio do trabalho, esses grupos humanos começaram a cultivar lavouras; criar várias espécies de animais; construir estradas, cidades e fábricas; produzir bens, como alimentos, roupas, máquinas e edifícios. As transformações causadas à natureza por essas sociedades aumentam gradativamente. Em contrapartida, outros grupos sociais vivem, atualmente, da coleta e da caça ou desenvolvem o pastoreio e a agricultura com técnicas rudimentares.

Vista da Estação Espacial Internacional, em órbita da Terra, em 2011.

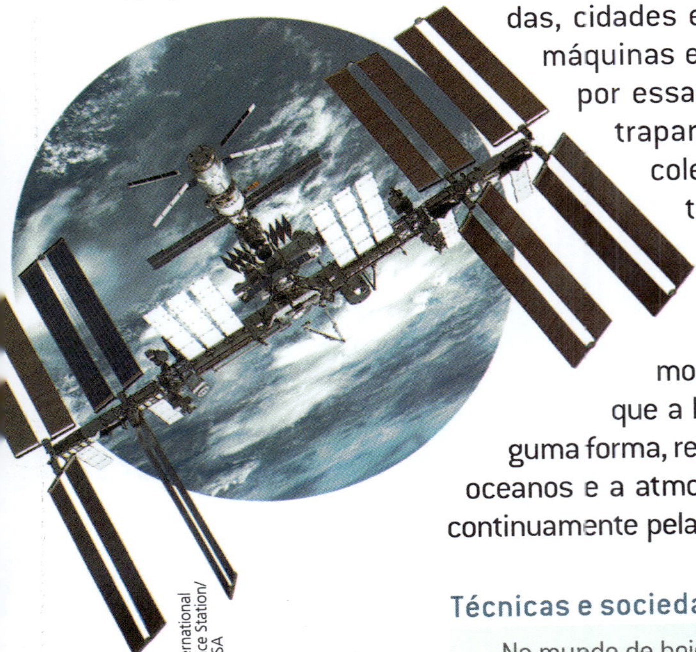

International Space Station/ NASA

De qualquer forma, tanto nas sociedades tecnologicamente mais avançadas como nas mais tradicionais, o espaço terrestre está sempre sendo modificado. As alterações não ocorrem apenas nos lugares que a humanidade habita, mas também em locais que, de alguma forma, recebem a interferência das atividades humanas, como os oceanos e a atmosfera terrestre. Esse espaço ocupado e transformado continuamente pela sociedade recebe o nome de **espaço geográfico**.

Técnicas e sociedades

No mundo de hoje, sociedades que utilizam técnicas rudimentares de cultivo, de criação de animais ou de produção de artefatos convivem com outras que empregam técnicas sofisticadas para essas atividades. Em qualquer caso, o ser humano está constantemente transformando o espaço terrestre e se apropriando de lugares localizados até mesmo além da superfície do planeta.

Felipe de Souza/Futura Press

Paul Prescott/Alamy/Latinstock

Agricultores realizando plantio de arroz manualmente em Bali, Indonésia, em 2012.

Construção da usina nuclear Angra III em Angra dos Reis, estado do Rio de Janeiro, em 2012.

A Geografia e o estudo do espaço

Como vimos, o ser humano está constantemente modificando a superfície do planeta Terra. Por isso, ao estudar Geografia, podemos compreender a maneira e os motivos pelos quais as sociedades transformam o espaço terrestre em espaço geográfico.

Também podemos compreender fenômenos e processos naturais, assim como a interação existente entre a natureza e a sociedade. Vamos analisar os exemplos a seguir.

André Dib/Pulsar Imagens

Maurício Simonetti/Pulsar Imagens

Por meio do estudo da Geografia, podemos entender como os diversos processos e fenômenos naturais (as diferentes formações vegetais e do relevo, a transformação das formas do relevo e dos solos, as variações climáticas, a dinâmica dos rios etc.) tornam as paisagens diferentes, e de que maneira podem interferir nas atividades humanas. Acima, formação do relevo da Chapada Diamantina, Bahia, em foto de 2014 (foto **A**) e a transformação promovida pela ação do ser humano, com a construção de moradias, sobre áreas alagadas (palafitas) em um bairro de São Luís, Maranhão, em 2013 (foto **B**).

Stefan Thomas/dpa/Corbis/Latinstock

Ricardo Teles/Pulsar Imagens

A Geografia também nos auxilia a desvendar as relações existentes entre os seres humanos, que se apresentam, por exemplo, nas diferentes formas de trabalho, nas desigualdades sociais ou nas tradições culturais. Acima, construção de um túnel, na Alemanha, em 2012 (foto **C**) e a expressão cultural de um grupo de indígenas do povo Kamayurá, que vive no Parque Indígena do Xingu, Mato Grosso, em 2014 (foto **D**).

Cite os aspectos representados nas imagens acima que podem ser estudados com base na ciência geográfica. Troque ideias com os colegas sobre esse assunto.

Atividades

Revisão

1 Transcreva no caderno somente as palavras que indicam os meios pelos quais o ser humano, no decorrer da história, vem transformando a natureza em benefício da sociedade. Dica: releia os primeiros parágrafos da página 22.

terra • metais • instrumentos
plantas • técnicas • construções
pinturas • trabalho

2 Com base no texto da página 22, explique o que é espaço geográfico.

3 Transcreva, no caderno, somente as expressões que indiquem temas estudados pela Geografia:

- desigualdades sociais;
- transformação dos elementos naturais;
- substâncias químicas;
- reprodução dos seres vivos;
- modo de vida e tradições dos diferentes povos;
- cálculos matemáticos.

Análise de imagens

4 Observe a sequência de imagens a seguir. Elas ilustram as etapas do processo de humanização de uma paisagem hipotética.

A

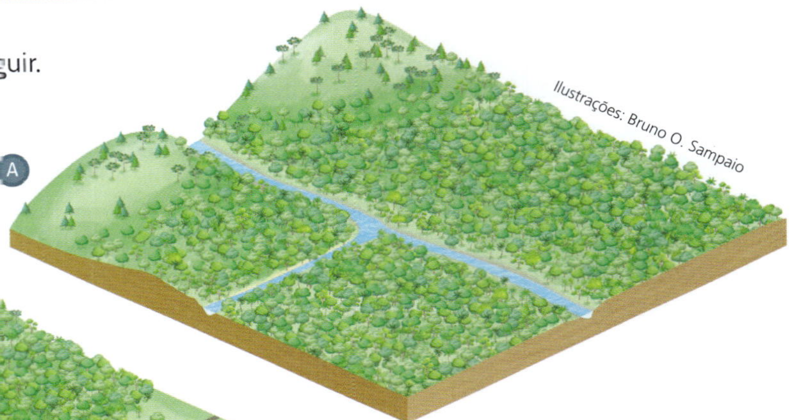

Ilustrações: Bruno O. Sampaio

B

C

a) Descreva, no caderno, os elementos (naturais ou culturais) predominantes em cada imagem.

b) Em qual(is) etapa(s) há:

- predomínio de elementos naturais?
- elementos que caracterizam uma paisagem rural?
- elementos que caracterizam uma paisagem urbana?
- intensa transformação dos elementos naturais em culturais? Cite três exemplos.

Atividades de compreensão

5 Leia o trecho da letra de música a seguir:

Da janela lateral do quarto de dormir
Vejo uma igreja, um sinal de glória
Vejo um muro branco e um voo pássaro
Vejo uma grade, um velho sinal. [...]

Fernando Brant; Lô Borges. Paisagem da janela. In: *Intimidade*. Rio de Janeiro: Som Livre, 2008. © EMI Songs. © Três Pontas Edições Musicais.

Nesse trecho da canção "Paisagem da janela", é descrita a paisagem vista da janela de um quarto.

O que é possível observar na paisagem vista pela janela do seu quarto (ou do cômodo da casa que você prefere)? Escreva no caderno o que você aprecia e o que não gosta nessa paisagem.

6 Escolha um lugar interessante que você ainda não visitou, mas que já viu no cinema, em jornais, em revistas, em livros ou na televisão. Descreva-o no caderno, apontando os aspectos que mais lhe chamaram a atenção.

Trabalho com representações

7 Observe os **planos da paisagem** abaixo.

Rogério Reis/Pulsar Imagens

Paisagem da praia de Copacabana, no Rio de Janeiro, em 2013.

a) Escreva no caderno o nome dos elementos da paisagem que mais se sobressaem no primeiro, no segundo e no terceiro plano. O que há na linha do horizonte?

b) Liste os elementos naturais e culturais que aparecem na paisagem acima, separando-os por planos.

c) Cite um ou mais aspectos da paisagem apresentada que indiquem transformações pelas quais passou (aram) algum (ns) de seus elementos (da natureza ou da sociedade) no decorrer do tempo.

d) Sobreponha à fotografia acima uma folha de papel vegetal e delimite os planos e os elementos que você destacou. Em seguida, pinte de laranja os elementos culturais e de verde os elementos naturais. Com a ajuda do professor, crie uma legenda para seu desenho.

CAPÍTULO 3

Os espaços da produção

O ser humano transforma paisagens naturais em paisagens culturais por meio das atividades econômicas que realiza, como a **agricultura**, a **pecuária**, a **indústria**, o **comércio** e a **prestação de serviços**. Essas atividades estão relacionadas umas com as outras e com os espaços onde são desenvolvidas, seja no campo ou nas cidades. Observe o esquema.

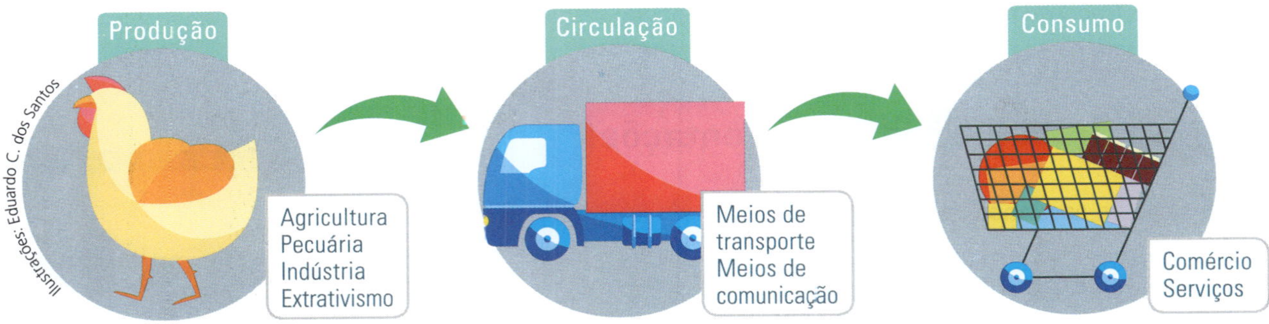

Ilustrações: Eduardo C. dos Santos

A agricultura

A **agricultura** é a atividade econômica que envolve o cultivo de plantas com algum tipo de utilidade para o ser humano.

O cultivo de espécies vegetais destinadas à produção de matérias-primas para a indústria é chamado de **agricultura moderna comercial**.

Já a produção destinada ao sustento dos próprios agricultores e de sua família é chamada de **agricultura familiar**. Quando a agricultura familiar gera uma pequena produção excedente, costuma ser comercializada pelos agricultores em feiras ou no comércio local.

Thomaz Vita Neto/Pulsar Imagens

No Brasil, a agricultura moderna comercial é desenvolvida principalmente em grandes propriedades rurais e com o emprego de máquinas e de tecnologia moderna. Boa parte de sua produção se destina à exportação. Acima, agricultura moderna comercial de algodão, realizada em Chapadão do Sul, Mato Grosso do Sul, em 2014.

Ricardo Azoury/Pulsar Imagens

A agricultura familiar é desenvolvida em pequenas propriedades e dedica-se, principalmente, à produção de alimentos. Atualmente, cerca de 70% dos alimentos consumidos pela população brasileira provêm da agricultura familiar. Acima, produção de hortaliças por meio da agricultura familiar em Teresópolis, estado do Rio de Janeiro, em 2012.

A produção agrícola brasileira

Anualmente, no Brasil, são colhidas centenas de milhões de toneladas de produtos agrícolas. Os principais são soja, café, milho, arroz, feijão, mandioca, cana-de-açúcar e laranja. O país também é um grande produtor mundial de cacau, algodão, fumo, tomate e banana.

Essa significativa produção agrícola está ligada, sobretudo, ao fato de o Brasil possuir uma das maiores áreas agricultáveis do planeta, ou seja, uma grande extensão territorial em que boa parte das terras é fértil e o clima, favorável à prática agrícola.

Além disso, nas últimas décadas, houve uma expansão da agricultura moderna comercial voltada para o agronegócio, principalmente nas grandes propriedades, em especial nas regiões Sul, Sudeste e Centro-Oeste do país. Essas propriedades rurais buscam o aumento da produtividade agrícola, ou seja, o aumento da quantidade de produtos colhidos por área plantada.

agronegócio: conjunto das relações econômicas (compra e venda de produtos) que ocorrem entre as principais atividades do campo, no caso, a agricultura e a pecuária

Alguns mapas desta coleção são orientados por uma seta que indica a direção Norte. Outros, são orientados pela rosa dos ventos, símbolo com o formato de uma estrela, que indica as direções Norte, Sul, Leste e Oeste.

Atividade agrícola no Brasil

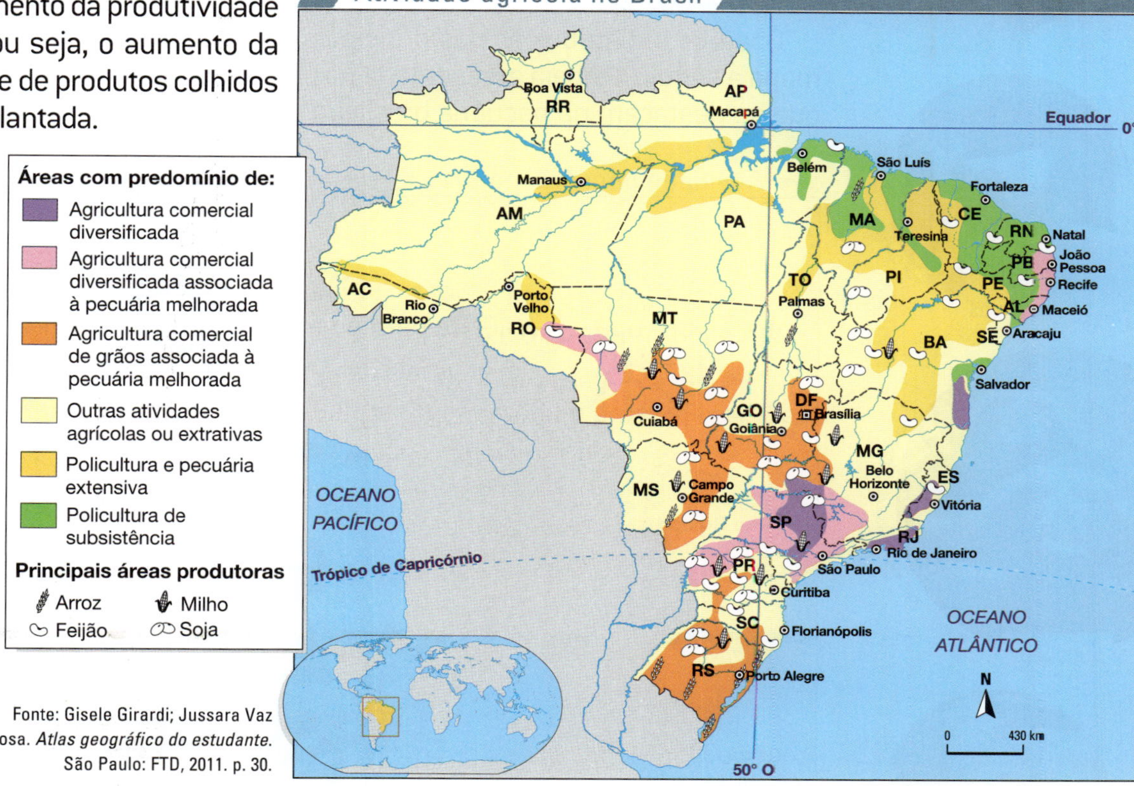

Fonte: Gisele Girardi; Jussara Vaz Rosa. *Atlas geográfico do estudante*. São Paulo: FTD, 2011. p. 30.

Importância da agricultura

A atividade agrícola apresenta grande importância econômica e social para o Brasil. Alguns dos fatores que dão à agricultura um papel de destaque são:

- a produção de alimentos, como arroz, feijão, milho, trigo, batata e mandioca;
- a oferta de trabalho, já que cerca de 20% dos trabalhadores brasileiros realizam alguma atividade ligada à agricultura;
- o fornecimento de matérias-primas, utilizadas nas indústrias para a fabricação de alimentos e de outros produtos, como fios para tecidos, óleos vegetais etc.;
- a geração de riquezas para o Brasil, por meio da exportação de produtos agrícolas (a venda de produtos como soja, café, laranja e seus derivados para o exterior representa boa parte do valor total da exportação nacional).

Farelos de soja sendo embarcados para exportação no porto de Santos, no estado de São Paulo, em 2013.

Paulo Fridman/Pulsar Imagens

suínos
Stramyk/Thinkstock/Getty Images

aves
Baris KARADENIZ/Thinkstock/Getty Images

caprinos
Cesar Diniz/Pulsar Imagens

bubalinos
Ingram Publishing/Thinkstock/Getty Images

ovinos
silatip/Thinkstock/Getty Images

bovinos
tarczas/Thinkstock/Getty Images

A criação de animais

A atividade de criação e reprodução de animais para fins comerciais e industriais ou para subsistência denomina-se **pecuária**. No Brasil, embora o número de trabalhadores envolvidos com a pecuária seja menor do que o número de pessoas empregadas na agricultura, essa atividade cumpre um importante papel econômico, pois fornece alimentos (carne, leite, ovos) e matérias-primas para as indústrias de laticínio, fiação, vestuário, calçados, entre outras.

O Brasil é um dos maiores criadores de gado do mundo. Os principais rebanhos brasileiros são de bovinos, suínos, ovinos, caprinos e equinos. O país também se destaca como o quarto criador mundial de aves. Elas são criadas em todo o território nacional, com destaque para a criação de frangos e galinhas nos estados da Região Sul e de São Paulo e Minas Gerais, na Região Sudeste.

Observe a distribuição das principais áreas de criações de animais no mapa a seguir. A tabela apresentada na página seguinte mostra os estados que se destacam na pecuária brasileira e seus principais rebanhos.

Atividade pecuária no Brasil

Fonte: Gisele Girardi; Jussara Vaz Rosa. *Atlas geográfico do estudante*. São Paulo: FTD, 2011. p. 30.

Rebanho	Estados brasileiros (cinco maiores produtores)				
	1º	2º	3º	4º	5º
Bovino	MT	MG	MS	GO	PA
Suíno	RS	SC	PR	MG	GO
Ovino	RS	BA	CE	PE	PI
Caprino	BA	PE	PI	CE	PB
Equino	MG	RS	BA	GO	SP

Principais estados criadores (2013)

Fonte: IBGE (Instituto Brasileiro de Geografia e Estatística). *Produção pecuária municipal 2013*. Disponível em: <ftp://ftp.ibge.gov.br/>. Acesso em: 28 jan. 2015.

De acordo com o mapa da página anterior e a tabela ao lado, responda no caderno:

1. Qual tipo de criação mais se destaca no mapa?
2. Em quais estados se destaca a criação de bubalinos, ou seja, de búfalos?
3. Quais tipos de criações são desenvolvidos no estado onde você vive?
4. De acordo com a tabela, qual estado brasileiro é o maior criador de bovinos? E de caprinos?
5. O estado onde você vive aparece nesta tabela?

A bovinocultura brasileira

A bovinocultura, criação de bois e vacas, é a atividade de maior importância na pecuária brasileira. Ela é desenvolvida em nosso país de forma intensiva ou extensiva.

Na forma **intensiva**, restrita a algumas áreas, o gado é criado em confinamento, ou seja, fechado em estábulos onde recebe alimentação balanceada e tratamento especial.

Já na forma **extensiva**, a mais difundida no Brasil, o gado é criado solto em grandes áreas, alimentando-se de pastagens e recebendo poucos cuidados, o que reduz sua produtividade.

Contudo, nas últimas décadas, têm crescido as áreas ocupadas com a chamada pecuária extensiva melhorada, onde o gado solto também recebe alimentação balanceada e tratamentos com vacinas e remédios, aumentando sua produtividade.

Gerson Gerloff/Pulsar Imagens

Bovinos sendo criados em piquetes, na forma intensiva, em Campo Grande, Mato Grosso do Sul, em 2012.

Mauricio Simonetti/Pulsar Imagens

Criação de gado solto em pastagem, na forma extensiva, em Nova Olímpia, Paraná, em 2014.

A extração de recursos naturais

A atividade extrativa consiste em retirar ou extrair da natureza recursos em sua forma original, por meio de técnicas e de instrumentos artesanais ou rudimentares. Essa atividade divide-se em três tipos: animal, mineral e vegetal.

seiva: líquido rico em nutrientes que percorre o organismo das plantas

A **atividade extrativa vegetal** é a coleta de produtos como seivas, ervas, madeiras e frutos de áreas de vegetação nativa. Em muitos casos, as atividades extrativas são desenvolvidas de maneira predatória, provocando o desmatamento e a extinção de algumas espécies vegetais (veja quadro com texto sobre esse assunto na página **31**).

Ricardo Azoury/Pulsar Imagens

Diferente da atividade extrativa da madeira ou do palmito que, quando realizada sem os devidos cuidados com o meio ambiente, costuma devastar grandes áreas de florestas, a extração do látex na Região Norte é desenvolvida sem agredir o meio ambiente, pois não exige a derrubada da vegetação. Depois de extraído, o látex é transformado em borracha natural. Na fotografia ao lado, trabalhador coleta látex de uma seringueira em Xapuri, Acre, em 2012.

A **atividade extrativa mineral** consiste na extração de recursos minerais encontrados, principalmente, no subsolo. Essa atividade, também chamada de garimpagem, é realizada em geral de forma artesanal, ou seja, sem a utilização de técnicas e equipamentos modernos.

No Brasil, a garimpagem geralmente é praticada no leito dos rios, sobretudo nas Regiões Norte e Centro-Oeste, de onde se extraem ouro, diamantes, esmeraldas e pedras semipreciosas, entre outros minerais.

Rogério Reis/Pulsar Imagens

O garimpo do ouro garante o sustento de milhares de brasileiros, porém essa atividade vem degradando o meio ambiente em algumas regiões, em razão, principalmente, do desmatamento e da utilização do mercúrio, substância tóxica nociva aos seres vivos. Ao lado, paisagem devastada por exploração garimpeira, em Calçoene, Amapá, em 2012. Nesse local, a atividade do garimpo desmata a floresta, retira a terra desmontando os barrancos e provoca assoreamento e poluição do rio com mercúrio por meio do rejeito descartado no curso de água.

A **atividade extrativa animal** baseia-se na pesca e na caça. No Brasil, país que abriga um extenso litoral e muitos rios, a pesca é permitida, mas não tem peso significativo na economia. No entanto, são consumidos, em média, 14,5 quilos por habitante ao ano, pouco mais que os 12 quilos por habitante ao ano recomendados pela Organização Mundial da Saúde (OMS).

A caça é a captura de animais silvestres como capivaras, jacarés, onças, macacos e araras. Essa prática, em muitos casos, é proibida por lei federal, embora continue a ocorrer ilegalmente.

João Prudente/Pulsar Imagens

Boa parte do pescado extraído do litoral e dos rios do nosso país é destinada ao sustento das famílias de pescadores locais. Na imagem ao lado, pescador em um rio em São João de Pirabas, Pará, em 2013.

Natureza: exploração x preservação

Muitos recursos da natureza são explorados porque geram riquezas à nossa sociedade. No entanto, em muitos casos, essa exploração é feita sem o cuidado de preservar o meio ambiente.

A extração descontrolada de madeira representa esse problema. Durante a retirada das árvores com valor comercial, muitas outras espécies são destruídas. Para evitar esse tipo de devastação, a madeira pode ser explorada por meio de manejo de áreas, retirando-se apenas as espécies necessárias e voltando a explorar essa área somente depois que ocorrer a recomposição natural das espécies. Outra maneira de evitar o desmatamento das florestas é usar madeira de reflorestamento.

O reflorestamento com espécies naturais também é uma técnica de manejo utilizada para recompor áreas destruídas pelo extrativismo mineral. Algumas áreas são intensamente devastadas com a retirada da vegetação natural e com o desmonte de barrancos em busca de minérios. O desmatamento acaba interferindo também na vida animal, pois destrói o hábitat de muitas espécies, que, sem abrigo e sem alimento, não se reproduzem e não sobrevivem.

Além disso, esses animais se tornam presas fáceis de caçadores que capturam diferentes espécies como pássaros e peixes, principalmente os de beleza exuberante, e os comercializam, geralmente, fora do país. Por conta dessas situações, muitas espécies animais estão ameaçadas de extinção, como algumas espécies de tartaruga, a arara-azul-de-lear e o mico-leão-preto.

Vivência e meio ambiente

?

Converse com os colegas sobre a questão da exploração dos recursos naturais sem levar em conta a preservação do meio ambiente. Que problemas isso gera? O que poderia ser feito para evitá-los?

Lena Trindade/Brazil Photos/LightRocket/Getty Images

Fotografia de um casal de araras-azuis-de-lear, registrada em 2013. Essa espécie de arara vive no nordeste brasileiro, abriga-se em paredões de rocha e está classificada no grupo dos animais que estão em perigo de extinção.

Indústria: transformando matérias-primas

A atividade econômica por meio da qual se transformam os recursos da natureza em bens consumidos pela população em geral e por outros ramos de atividades econômicas é denominada **indústria**.

TIPS/Zuma Press/Fotoarena

Atualmente, a atividade industrial é fundamental para a economia de um país, pois gera muitos empregos e movimenta todos os outros setores da economia. Da agricultura e pecuária, com estímulo à produção de matérias-primas, ao comércio, com o incremento da compra e venda de mercadorias, todas as atividades econômicas são influenciadas pela indústria.

Na indústria siderúrgica, o carvão e os minérios de ferro são transformados em aço, o qual, por sua vez, é amplamente usado na fabricação de máquinas industriais, eletrodomésticos, automóveis, navios etc. Por isso, a siderurgia é considerada essencial para o desenvolvimento da maioria das atividades industriais de um país. Nesta foto, vemos o interior de uma siderúrgica em São Paulo, em 2013.

Ilustrações: Ingridhi Fratoni

Da matéria-prima ao produto final

A matéria-prima é o principal elemento utilizado na fabricação de um produto. Ela pode ter origem vegetal, animal ou mineral. Veja os seguintes exemplos:

- o cacau, matéria-prima de origem vegetal, é o principal elemento para a fabricação do chocolate;
- a areia, matéria-prima de origem mineral, é o elemento principal na fabricação do vidro;
- o couro, matéria-prima de origem animal, é um importante elemento utilizado na fabricação de calçados.

As matérias-primas podem ser naturais ou transformadas.

A **matéria-prima** natural é aquela utilizada em estado original. O cacau, por exemplo, é uma matéria-prima natural utilizada pelas indústrias de alimentos (1).

Uma determinada indústria torra, tritura e prepara as sementes do cacau, transformando-as para serem utilizadas em outras fábricas (2).

O cacau em pó serve como **matéria-prima transformada**, ou seja, já industrializada, nas indústrias de doces, laticínios, entre outras (3). Utilizando essa matéria-prima são fabricados diferentes produtos, como barras de chocolate, achocolatados em pó e líquido, confeitos etc. (4).

?

Observe os elementos presentes em sua sala de aula, como portas, cadernos, vidros, entre outros. Escolha um desses elementos e procure identificar os tipos de matéria-prima utilizados na sua fabricação. Qual é a origem dessas matérias-primas?

Atividade industrial no Brasil

O Brasil é o décimo país mais industrializado do mundo. O parque industrial brasileiro é bastante diversificado. No país, são fabricados de produtos alimentícios e têxteis a computadores, aviões e satélites artificiais. A atividade industrial, contudo, está distribuída de maneira desigual nas cinco grandes regiões brasileiras. Observe, no mapa, a distribuição espacial da indústria no território brasileiro.

- A maioria das indústrias se localiza na Região Sudeste, em especial nos estados de São Paulo, Rio de Janeiro e Minas Gerais. Destacam-se nessa região indústrias modernas, como a química, a automobilística e a de informática, que empregam alta tecnologia.
- A segunda maior concentração industrial do Brasil está na Região Sul, onde as indústrias ligadas ao beneficiamento de matérias-primas agrícolas e pecuárias (as agroindústrias) são muito importantes. Destacam-se, ainda, nessa região as indústrias mecânicas, metalúrgicas e algumas montadoras de automóveis.
- Na Região Nordeste, existem diversas indústrias tradicionais, como as têxteis e as usinas de álcool e açúcar. No entanto, nas últimas décadas, o parque industrial nordestino vem se modernizando.
- As regiões Centro-Oeste e Norte são as menos industrializadas do país, com predomínio de agroindústrias e de indústrias extrativas minerais e vegetais.

Atividade industrial no Brasil e regiões

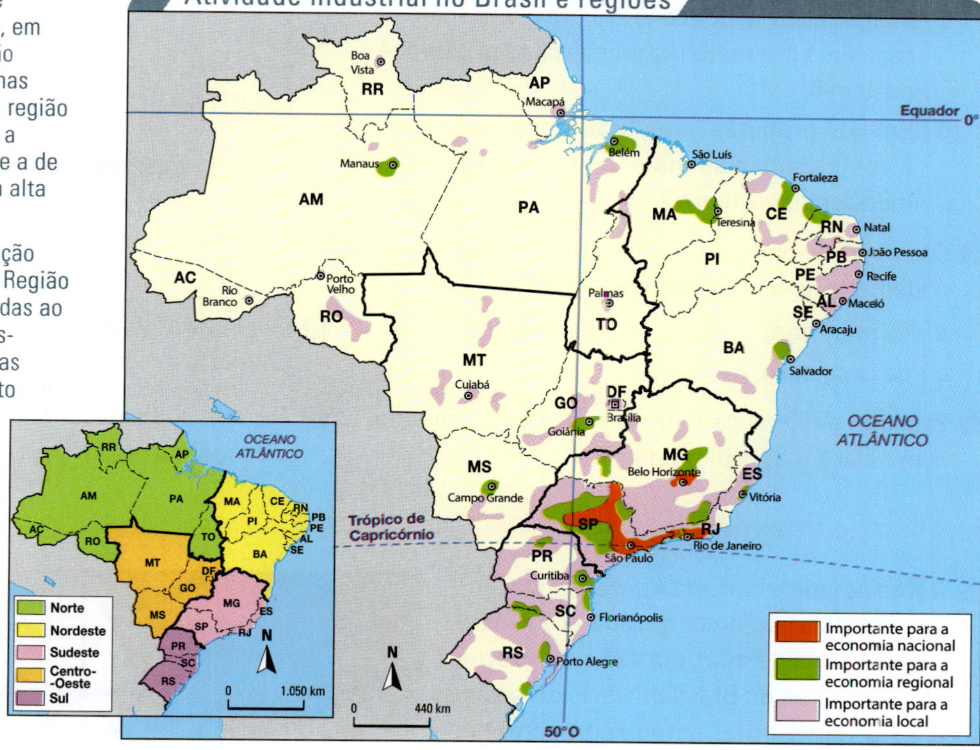

Fonte: Vera Lúcia M. Caldini; Leda Ísola. *Atlas geográfico Saraiva*. 4. ed. São Paulo: Saraiva, 2013. p. 53.

Origens da concentração industrial

A partir do início do século XX, os principais fatores que impulsionaram a concentração industrial na Região Sudeste foram:

- a riqueza gerada com a economia cafeeira, desenvolvida nos estados de São Paulo, Rio de Janeiro e Minas Gerais, que passou a ser empregada na instalação de indústrias;
- a presença de várias ferrovias, o que facilitava o transporte de matérias-primas e de produtos industrializados;
- a existência de uma população numerosa, que formava um bom mercado consumidor para os produtos industrializados, assim como proporcionava maior oferta de mão de obra para os postos de trabalho nas fábricas.

Giro pela História

Instalações do moinho Matarazzo, na capital paulista, por volta da década de 1920.

Acervo Iconographia

Atividades

Revisão

1 Sobre matéria-prima, realize as atividades a seguir:

a) O que é matéria-prima?

b) Cite um exemplo de cada tipo de matéria-prima: vegetal, animal e mineral.

c) Indique a atividade econômica na qual se produz cada uma das matérias-primas citadas por você no item **b**.

d) Em que produtos industrializados podem ser transformadas as matérias-primas que você mencionou no item **b**?

2 Cite dois exemplos de atividades econômicas que podem ser desenvolvidas nos espaços:

a) da produção;

b) da circulação;

c) do consumo.

3 Explique a diferença entre a agricultura moderna comercial e a agricultura familiar.

4 Explique a seguinte afirmação: "O Brasil possui uma das maiores áreas agricultáveis do mundo".

5 Aponte três exemplos da importância da agricultura para o Brasil.

6 Escreva uma frase caracterizando a atividade pecuária em nosso país, utilizando as seguintes palavras-chave:

Brasil • rebanho • mundo • bovinos • aves

7 O que é atividade extrativa? Como ela pode ser dividida?

8 Cite duas atividades extrativas: minerais; vegetais; animais.

9 Por que a atividade industrial é fundamental para a economia de um país?

Análise de imagem

10 A obra ao lado, chamada *A gare* (A estação), foi produzida por Tarsila do Amaral em 1925. Tarsila é considerada uma das mais expressivas pintoras do Brasil do início do século XX. Na tela *A gare*, estão representados alguns dos elementos mais importantes da modernidade presentes nas principais capitais do Sudeste durante as primeiras décadas do século XX. Observe a imagem e faça as atividades a seguir.

a) Com a ajuda do professor, identifique os símbolos da modernidade representados na imagem.

b) Qual é o meio de transporte que a artista representou?

c) Cite alguns fatores importantes que proporcionaram o desenvolvimento da atividade industrial na Região Sudeste do país.

Giro pela Arte

Tarsila do Amaral. *A gare*, 1925. Coleção Rubens Taufic Schahin, São Paulo, Brasil. Tarsila do Amaral Empreendimentos

Tela *A gare*, de Tarsila do Amaral (1886-1973). Óleo sobre tela, 84,5 x 65 cm.

Trabalho com representações

⑪ Nas últimas décadas, aumentou o número de máquinas (tratores e colheitadeiras), de implementos agrícolas (semeadeiras, arados, correntes etc.), além de adubos, fertilizantes e sementes selecionadas utilizadas em propriedades rurais. O uso desses recursos resulta em uma crescente produtividade das lavouras, isto é, maior produção obtida em mesma ou em menor área. O **gráfico de colunas** a seguir mostra a evolução da quantidade de tratores existentes em propriedades rurais brasileiras, entre 1950 e 2006. Observe-o.

Giro pela Matemática

Tratores no campo brasileiro (1950-2006)

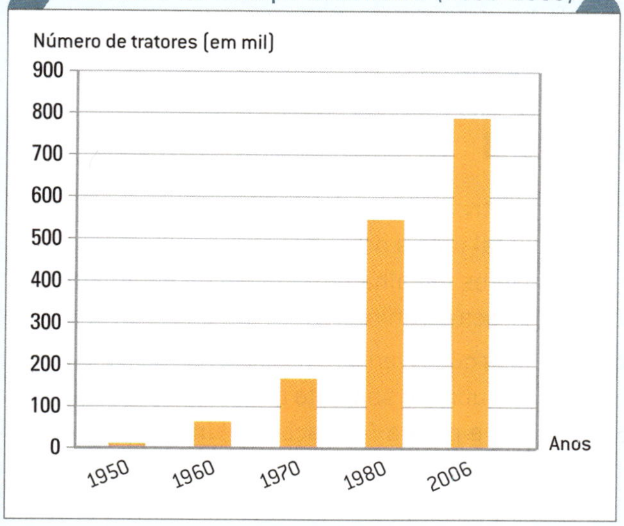

Edson B. C.

Fontes: ESTATÍSTICAS Históricas do Brasil: séries econômicas, demográficas e sociais de 1550 a 1988. 2. ed. Rio de Janeiro: IBGE, 1990. v. 3. p. 320. CENSO Agropecuário 2006. Rio de Janeiro: IBGE, 2009. p. 559.

O **gráfico de colunas** é uma representação com forma geométrica construída de maneira precisa a partir de informações numéricas obtidas por meio de pesquisas organizadas em uma tabela. Ele é composto por duas linhas ou eixos, um vertical e outro horizontal. No **eixo horizontal**, são construídas as colunas que representam a variação de um fenômeno ou de um processo de acordo com sua intensidade. Essa intensidade é indicada pelo **eixo vertical**.

a) Qual é o título do gráfico?

b) De que são os dados apresentados?

c) Qual era o número aproximado de tratores da frota brasileira em 1950? E em 2006?

d) Que relação pode ser estabelecida entre o aumento do número de tratores no campo brasileiro e o avanço da agricultura comercial no país?

GEOGRAFIA na Rede

Arte de Tarsila do Amaral

No *site* oficial de Tarsila do Amaral, você pode conhecer informações sobre a vida e a obra dessa artista, além de apreciar algumas de suas mais belas telas.

<http://tarsiladoamaral.com.br/>

http://tarsiladoamaral.com.br

Além disso...

Museu do Café <www.museudocafe.org.br>
Site que oferece um passeio virtual pela história do café no Brasil.

Povos indígenas no Brasil Mirim <www pibmirim.socioambiental.org>
Site sobre a cultura dos povos indígenas que vivem no Brasil.

De onde vem a minha comida?
Explicando a origem dos alimentos. Ronne Randall. 2. ed. São Paulo: Melhoramentos, 2008. (Coleção Viver e Aprender)

Vivência e cultura

A agricultura também é uma atividade que possui importância social e cultural para diversos grupos, como é o caso dos povos indígenas brasileiros. O texto a seguir trata desse assunto.

Povos indígenas e agricultura

A agricultura é a principal atividade desenvolvida pelos povos indígenas brasileiros. Ela é fundamental para a produção de alimentos em praticamente todas as comunidades espalhadas pelo país. Em conjunto com a agricultura são feitas a caça de animais, a coleta de frutos e a pesca.

Entre os povos indígenas que vivem em território brasileiro, boa parte constrói suas aldeias derrubando somente o necessário de mata para a construção das casas e para a formação de uma roça ou roçado (plantação). Ela pode estar próxima ou mais distante do centro da aldeia. No roçado plantam-se, entre outros alimentos, milho, inhame, abóbora e, principalmente, mandioca, base da alimentação na maioria dessas comunidades.

No entorno do roçado, quase sempre se deixa crescer uma capoeira, ou seja, um capinzal para atrair pequenas caças, como cotias, pacas e algumas espécies de aves. Um pouco mais distante preserva-se a mata mais alta, cujo ambiente permite a caça de animais maiores e também serve como fonte de madeira, folhas e fibras, matérias-primas para se criar instrumentos e utensílios utilizados no dia a dia.

Depois de cada colheita, a área utilizada é deixada em descanso, abrindo-se um novo roçado. Contudo, quando o solo apresenta sinais de exaustão, a comunidade se muda para outro lugar dentro do seu território, construindo uma nova aldeia.

O terreiro da aldeia e o roçado abandonado logo serão invadidos pela mata que havia sido preservada. Assim, tudo se recompõe dentro da área indígena.

Texto dos autores.

Fotomontagem de R. Hatadani com a composição de Fabio Colombini; michaklootwijk, Ammit, Brand X Pictures, danielvfung, Peter Zijlstra, only_fabrizio, zysman/Thinkstock/Getty Images; João Caldas/Olhar Imagem e Thiayu Suyá/Parque Indígena do Xingu/Instituto Socioambiental

O calendário representado a seguir foi produzido por professores indígenas que trabalham e vivem no Parque Indígena do Xingu, no estado de Mato Grosso. Observe-o com atenção.

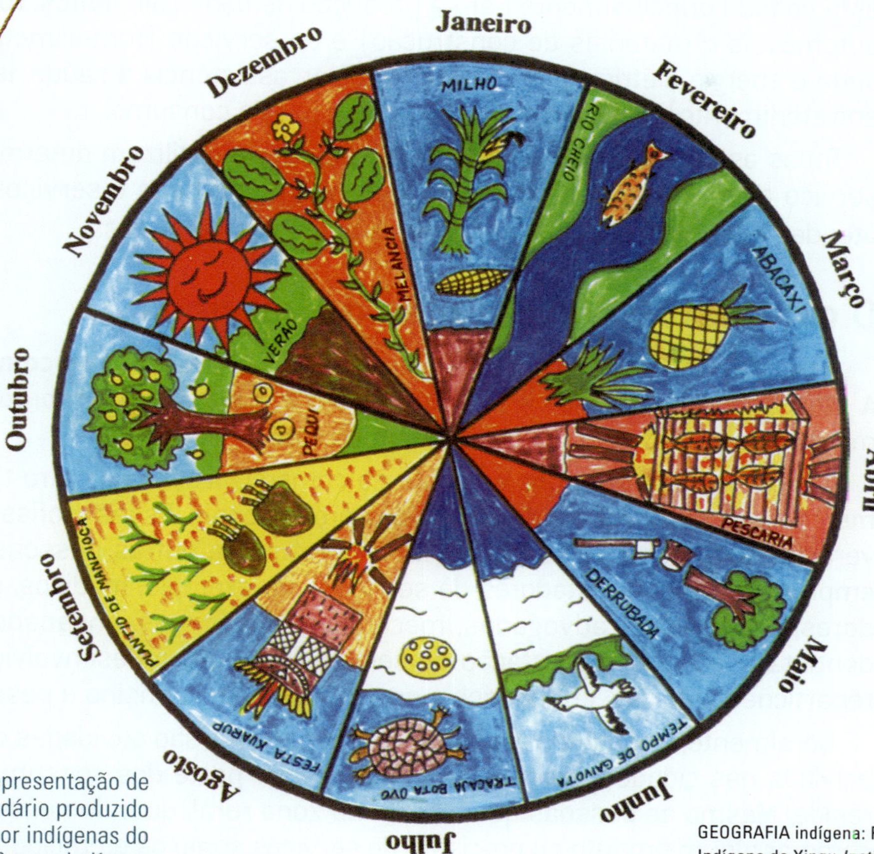

Representação de calendário produzido por indígenas do Parque Indígena do Xingu.

GEOGRAFIA indígena: Parque Indígena do Xingu. *Instituto Socioambiental*. Brasília: MEC/SEF/DPEF, 1988. p. 57.

Ler, pensar, compreender

1. Qual é a principal atividade econômica desenvolvida pelos povos indígenas brasileiros?
2. Quais são as principais lavouras cultivadas pelas populações indígenas?
3. De acordo com o calendário acima, que mês do ano é mais favorável para o plantio de mandioca? E de milho? Que mês é mais favorável para a pesca?
4. O capinzal e a mata mais alta são preservados com qual finalidade?
5. Em sua opinião, os indígenas adotam práticas para preservar a natureza? Como eles fazem isso?
6. Deixar a natureza se recuperar é uma prática importante para os povos indígenas? Converse com seus colegas.

CAPÍTULO 4

Os espaços da circulação e do consumo

Em nossa sociedade, o desenvolvimento das atividades econômicas está voltado principalmente para a produção de bens (alimentos, roupas, automóveis e materiais de construção) e de serviços (fornecimento de água e energia elétrica, atendimento escolar, assistência à saúde, lazer e entretenimento), para a comercialização e para o consumo.

Todas as pessoas que adquirem um produto ou utilizam determinado serviço agem como **consumidoras**. O consumo de bens e serviços visa atender às necessidades e aos desejos dos seres humanos.

O comércio e a prestação de serviços

A troca de um produto por outro ou por dinheiro caracteriza o **comércio**. A atividade comercial faz a ligação entre o produtor – quem produz as mercadorias – e o consumidor – quem as consome.

A **prestação de serviços** consiste na comercialização de outro tipo de mercadoria: o trabalho de determinados profissionais. Esses profissionais vendem suas habilidades físicas ou intelectuais a outras pessoas ou a empresas. São os prestadores de serviços, por exemplo, médicos, contadores, professores, advogados, mecânicos, eletricistas, encanadores e dentistas. Também é prestação de serviços o trabalho desenvolvido em repartições públicas, em bancos e em instituições de ensino e pesquisa.

Geralmente, o comércio e a prestação de serviços são atividades desenvolvidas nas cidades, pois é nelas que a maior parte dos consumidores reside. Mesmo as pessoas que moram na zona rural, quando necessitam comprar algum produto ou precisam de serviços como os oferecidos pelos bancos e hospitais, procuram os centros urbanos mais próximos.

Roussel Photography/Alamy/Other Images

João Prudente/Pulsar Imagens

Nas grandes cidades, há espaços destinados especialmente às atividades comerciais, como os *shopping centers*, lugares que recebem grande quantidade de consumidores em busca dos mais variados produtos. Na fotografia **A**, observamos o interior de um *shopping center* em Brasília, Distrito Federal, em 2014. Nas cidades menores, o comércio é mais restrito e atende a uma parcela reduzida de consumidores, como vemos na fotografia **B**, de uma rua comercial em Pará de Minas, Minas Gerais, em 2014.

Consumo e desigualdades sociais

Embora o consumo de produtos e de serviços seja destinado à satisfação das necessidades e dos desejos das pessoas, nem todas elas podem consumir da mesma maneira.

No Brasil, as diferenças de consumo revelam as desigualdades sociais. Enquanto uma parcela reduzida da população é bem remunerada e, portanto, pode consumir mais em quantidade e variedade de produtos, uma parte significativa dos brasileiros não tem condições, muitas vezes, de consumir nem mesmo os alimentos necessários para garantir uma vida saudável.

Muitos pobres, poucos ricos

Assim como há diferença de consumo entre pessoas de classes sociais diversas, existem diferenças de consumo entre os diversos países do mundo. Em nações economicamente desenvolvidas, como os Estados Unidos, o Japão e grande parte dos países europeus, o rendimento da maioria da população permite que ela tenha acesso a diversos tipos de produto.

Já a maior parte da população dos países economicamente menos desenvolvidos da América, da África e da Ásia, por causa do seu baixo rendimento, não tem acesso nem a produtos e serviços básicos, como esgoto e água tratada.

No mundo, cerca de 1 bilhão de pessoas estão no limite da pobreza extrema, sobrevivendo com aproximadamente 1 dólar por dia. Essas pessoas, sem condições financeiras, não têm acesso a alimentação, vestuário, saúde, lazer etc. Na imagem ao lado, vemos uma pessoa em situação de pobreza extrema, coletando materiais em meio ao lixo, em São João dos Patos, Maranhão, em 2014.

Cesar Diniz/Pulsar Imagens

Consumo e propaganda

Vivência e cidadania

Para aumentar a venda de produtos e serviços, as indústrias, os bancos, as redes de lojas e supermercados, assim como outros segmentos da sociedade, recorrem constantemente à propaganda.

Por meio da propaganda, as empresas divulgam produtos e serviços, promoções e formas facilitadas de compra, com o objetivo de aumentar a procura do consumidor e de vender mais que seus concorrentes. Entretanto, a propaganda é também utilizada para despertar nos consumidores o desejo de comprar algo de que, muitas vezes, não necessitam.

A propaganda está presente em diversos momentos do dia a dia das pessoas. Está presente, por exemplo, nos *outdoors* instalados nas ruas e avenidas de algumas cidades e nos anúncios veiculados na televisão e na internet.

A circulação de bens e pessoas

Para que as mercadorias produzidas por meio das atividades extrativas, agrícolas e pecuárias, assim como pelas indústrias, cheguem até os consumidores, ou seja, para que possam ser deslocadas entre os espaços da produção e os espaços do consumo, é necessário que circulem através de uma rede viária.

Chama-se **rede viária** a estrutura física construída pela sociedade e composta, sobretudo, de rodovias, ferrovias, portos e aeroportos. Além de mercadorias, circulam pela rede viária as pessoas que se deslocam de um lugar para outro de uma cidade, de um estado, de um país ou do mundo.

A rede viária do Brasil

No Brasil, a rede viária é composta de 1.691 mil quilômetros de rodovias (desse total, apenas 203 mil quilômetros são asfaltadas), 41 mil quilômetros de hidrovias e trechos navegáveis e 30 mil quilômetros de ferrovias. Além disso, existe uma malha aeroviária relativamente extensa, que interliga todos os aeroportos do país e estes aos principais aeroportos do exterior. Há também, no litoral, uma série de portos de médio e grande porte, que conectam o Brasil a outros países de diferentes continentes e facilitam a exportação e a importação de mercadorias. Observe os mapas e os gráficos a seguir.

Principais rodovias e aeroportos do Brasil

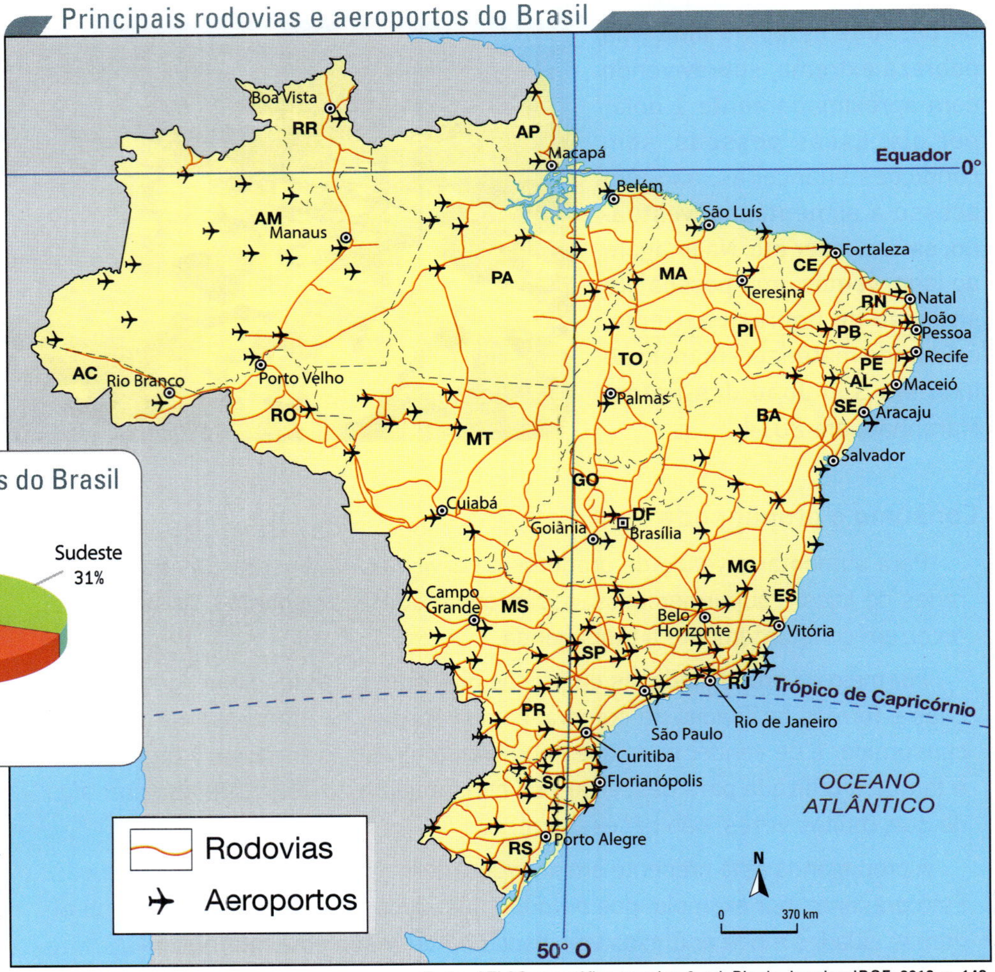

Fonte: ATLAS geográfico escolar. 6. ed. Rio de Janeiro: IBGE, 2012. p. 143.

Rodovias por regiões do Brasil

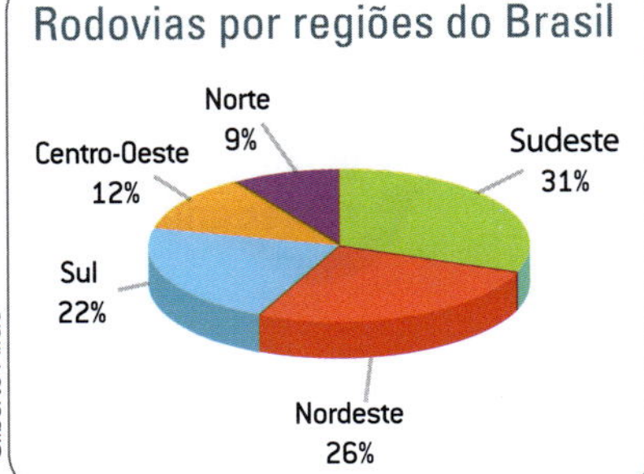

Fonte: CNT (Confederação Nacional do Transporte). *Pesquisa de Rodovias 2013*. Disponível em: <http://pesquisarodovias.cnt.org.br/>. Acesso em: 10 fev. 2015.

Observando os mapas e gráficos das páginas **40** e **41**, responda:

1. Que região concentra a maior parte das hidrovias do país?
2. Em que região do território brasileiro há maior concentração de rodovias? E de ferrovias?
3. Observe nos mapas a localização dos principais portos e aeroportos do nosso país.

Principais portos, ferrovias e hidrovias do Brasil

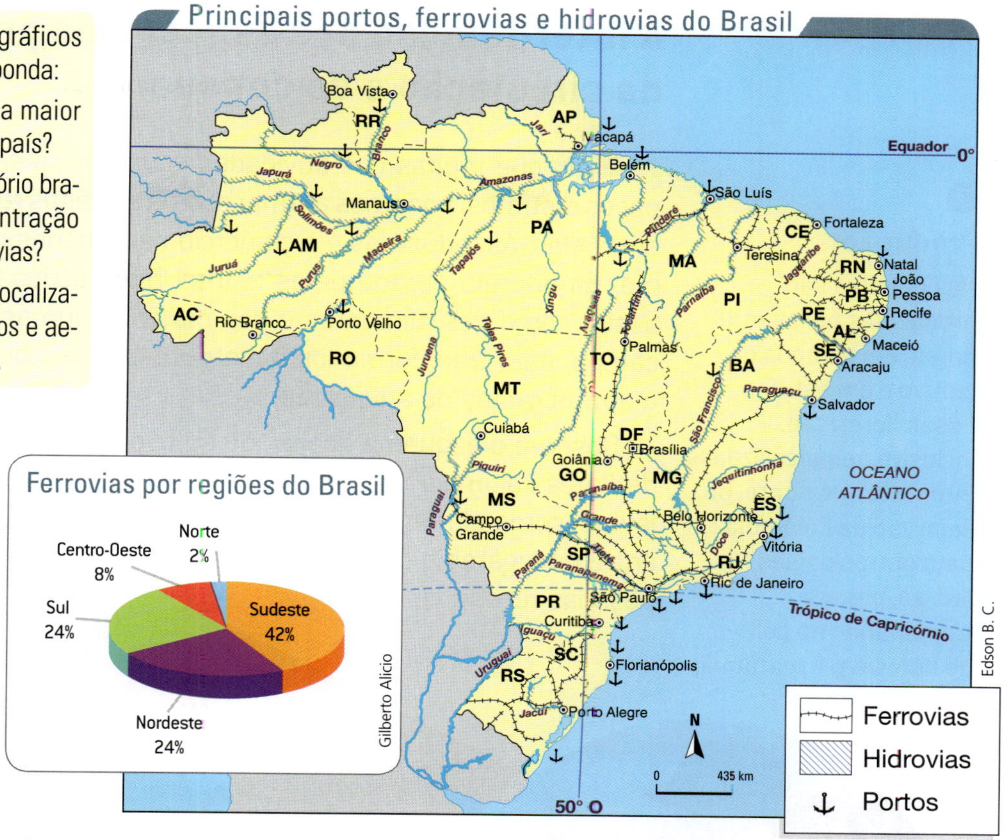

Fonte: ATLAS geográfico escolar. 6. ed. Rio de Janeiro: IBGE, 2012. p. 143.

Fonte: ANTT (Agência Nacional dos Transportes Terrestres). *Anuário Estatístico dos Transportes Terrestres 2009.* Disponível em: <http://antt.gov.br/>. Acesso em: 10 fev. 2015.

Por meio da análise dos mapas, é possível perceber o quanto as rodovias se sobressaem na rede viária brasileira. Atualmente, a maior parte dos bens e de pessoas no Brasil é transportada por rodovias.

Ainda que outros meios de transporte sejam bem mais econômicos (veja quadro abaixo), desde a década de 1940, o governo federal prioriza a construção de estradas e a fabricação de veículos automotores em vez de ampliar as ferrovias e hidrovias. Prova disso é a atual malha ferroviária brasileira, que continua pouco maior que a existente no final da década de 1930.

Transporte aquático: mais quilômetros com menos combustível

O Brasil tem um extenso litoral e aproximadamente 41 mil quilômetros de rios navegáveis. Apesar dessa ampla rede natural de transporte, a navegação por meio aquático é pouco explorada. Somente na Região Norte esse tipo de transporte apresenta grande destaque, por causa de seus extensos rios navegáveis.

Entre os meios de transporte, o hidroviário é o mais econômico, pois as embarcações consomem, proporcionalmente, menos combustível que caminhões, trens ou aviões. Veja as informações a seguir (de 2012) sobre a quantidade de combustível gasta em cada modalidade para se transportar 1 000 toneladas por 1 quilômetro.

Ilustrações: R. Hatadani

Hidroviário

4 litros

Ferroviário

6 litros

Rodoviário

15 litros

Fonte: Antaq (Agência Nacional de Transportes Aquaviários). Disponível em: <www.antaq.gov.br>. Acesso em: 10 set. 2014.

A inter-relação dos espaços da produção, da circulação e do consumo

Ainda que muitas das atividades econômicas se desenvolvam em espaços distintos, podemos afirmar que há estreitas relações de dependência entre elas. As indústrias e o comércio nas cidades necessitam, por exemplo, da energia gerada pelas usinas hidrelétricas e termelétricas, assim como dos alimentos e das matérias-primas produzidas no campo, para transformá-los e distribuí-los aos consumidores e a outros ramos de atividades.

Observe o esquema abaixo, do cultivo e comércio de flores colombianas, e relate, com suas palavras, como ele representa a relação entre os lugares e o trabalho das pessoas retratadas.

1

Produção

Na Colômbia são produzidas belíssimas flores, em campos de cultivo e em estufas. Essas flores são, inclusive, comercializadas internacionalmente, ou seja, vão da Colômbia para outros países. Abaixo, pessoa trabalhando no cultivo de flores em Facatativá, Colômbia, em 2014.

John Vizcaino/Reuters/Latinstock

Fonte: ATLAS geográfico escolar. 6. ed. Rio de Janeiro: IBGE, 2012. p. 32.

2

Transporte

As flores colombianas são preparadas e embaladas de maneira especial para serem transportadas para diferentes lugares do mundo. Ao lado, trabalhadores embarcando carregamento de flores no aeroporto de Bogotá, Colômbia, em 2014.

Jose Miguel Gomez/Reuters/Latinstock

Floricultura em Londres, Inglaterra.

3

Comércio

Em floriculturas de diferentes lugares do mundo é possível encontrar flores produzidas nos campos da Colômbia.

Floricultura em Roma, Itália.

Por sua vez, diversas atividades econômicas estabelecidas no campo, como a agricultura e a pecuária moderna, dependem da produção industrial (máquinas, fertilizantes, vacinas), assim como dos estabelecimentos comerciais e de serviços (lojas de peças e implementos agrícolas, bancos, institutos de pesquisa) localizados nas cidades, para se desenvolver plenamente.

O trabalho e as relações entre as pessoas e os lugares

Na base das atividades econômicas está o trabalho, por meio do qual é estabelecido um conjunto de relações entre os seres humanos e entre os lugares no espaço geográfico. Isso porque, em nossa sociedade, pessoas trabalham em diferentes estabelecimentos, como lojas, hospitais, fábricas, fazendas etc.

Essas pessoas exercem as mais variadas profissões, como observamos no esquema da produção e comércio de flores colombianas. Esse é apenas um exemplo da especialização do trabalho na sociedade atual, em que cada trabalhador exerce uma função específica.

Todo ser humano depende, direta ou indiretamente, do trabalho de outras pessoas, estejam elas próximas ou distantes. Não importa o cargo, a função ou a profissão que uma pessoa exerça, certamente o trabalho dela tem um papel importante no desenvolvimento de alguma ou de várias atividades econômicas na sociedade atual.

Atividades

Revisão

1. Qual é a diferença entre as atividades do comércio e da prestação de serviços?
2. Cite três tipos de empresa ou de profissional prestador de serviços. Dê um exemplo da importância dessas empresas ou do trabalho desses profissionais para a sociedade.
3. Existe relação entre o tamanho de um centro urbano e sua estrutura de comércio e prestação de serviços? Explique sua resposta.
4. Como as diferenças de consumo podem refletir a existência de desigualdades sociais? Caracterize essa situação no Brasil e no mundo.
5. O que é rede viária? Qual é sua importância para o desenvolvimento das atividades econômicas em um país?
6. Sobre os meios de transporte no Brasil, responda:
   a) Qual é o meio de transporte mais difundido? Cite dois aspectos que comprovem sua resposta.
   b) Qual é a situação dos demais meios de transporte?
7. Do ponto de vista econômico, a priorização do transporte rodoviário no Brasil em detrimento do ferroviário e do hidroviário pode ser considerada a mais vantajosa?

Atividades de compreensão

8. Como você estudou, há diferentes relações de dependência entre as atividades econômicas. Escolha abaixo três duplas de imagens e descreva as possíveis relações de dependência entre os profissionais, as atividades e os espaços (produção, circulação ou consumo) representados em cada uma delas. Veja a seguir um exemplo da descrição da relação de dependência que pode se estabelecer entre as imagens **A** e **B**: "O criador que vacina seu gado precisa do trabalho do operário da fábrica em que é produzido o medicamento". É estabelecida, portanto, a seguinte relação de dependência:

profissional: criador de gado
atividade: pecuária
espaço: espaço da produção

→ depende do →

profissional: operário
atividade: indústria
espaço: espaço da produção

Ilustrações: R. Hatadani

Análise de texto

9 Leia o texto e responda às questões.

Os e-consumidores

Quando acessamos a internet, a rede mundial de computadores, deparamo-nos com uma imensidão de informações. E não se trata só da troca de mensagens, ou seja, da comunicação escrita ou falada entre pessoas. Esse meio tem sido cada vez mais utilizado para a compra e a venda de produtos.

Para se aventurar no mundo do comércio, por exemplo, já não é necessário enfrentar o trânsito, encontrar vaga em estacionamentos ou gastar sola de sapato procurando determinado produto de loja em loja.

A possibilidade de adquirir os mais diversos produtos e serviços disponíveis na internet tem permitido a muitas pessoas realizar compras sem sair de casa. Isso é possível por meio do chamado espaço virtual de circulação, que não é palpável como o espaço físico das lojas, mas que se tornou uma grande vitrine onde se pode procurar, comparar e comprar os mais diferentes produtos e serviços.

Esse tipo de comércio cresce velozmente a cada ano no Brasil e no mundo, e coloca à disposição das pessoas produtos como livros, CDs, eletrodomésticos, equipamentos de informática, passagens aéreas, rodoviárias e serviços ligados ao turismo. Por incrível que pareça, um dos produtos campeões de venda no comércio virtual é o automóvel!

Um fator que tem impulsionado o comércio no espaço virtual é o baixo preço das mercadorias, explicado pela intensa concorrência existente nesse meio e pelo menor custo para as empresas, pois são diminuídas, nesse caso, as despesas de manutenção das lojas, de uma equipe de funcionários etc.

O comércio realizado no espaço virtual está tão difundido que os compradores já recebem até mesmo um nome específico: e-consumidores.

Texto dos autores.

Fotomontagem de R. Hatadani com a composição de dolgachov/ Thinkstock/Getty Images

Vivência e cidadania

a) Em qual das atividades econômicas que você estudou no capítulo anterior e neste capítulo utiliza-se amplamente a internet?

b) Cite três vantagens de adquirir produtos pela internet.

c) Quem são os e-consumidores?

d) Você ou alguém conhecido já comprou algum produto pela internet? Como foi a experiência?

e) Pesquise no dicionário a definição das palavras **consumo** e **consumismo**. A seguir, converse com os colegas e o professor sobre como o espaço virtual pode incentivar essas práticas.

UNIDADE II

REPRESENTAÇÃO DO ESPAÇO GEOGRÁFICO

Autor desconhecido. Mapa Ga-Sur, c 4500-2500 a.C. Universidade de Harvard, Cambridge, EUA

O mapa ao lado é um dos mais antigos de que se tem notícia. Foi confeccionado em argila cozida por volta de 4500 e 2500 a.C. (antes de Cristo), na Babilônia, cidade que se localiza na região entre os rios Tigre e Eufrates, atual Iraque. Já a imagem de satélite, ao fundo, mostra uma visão do Golfo Pérsico e países que o rodeiam, obtida em 2004.

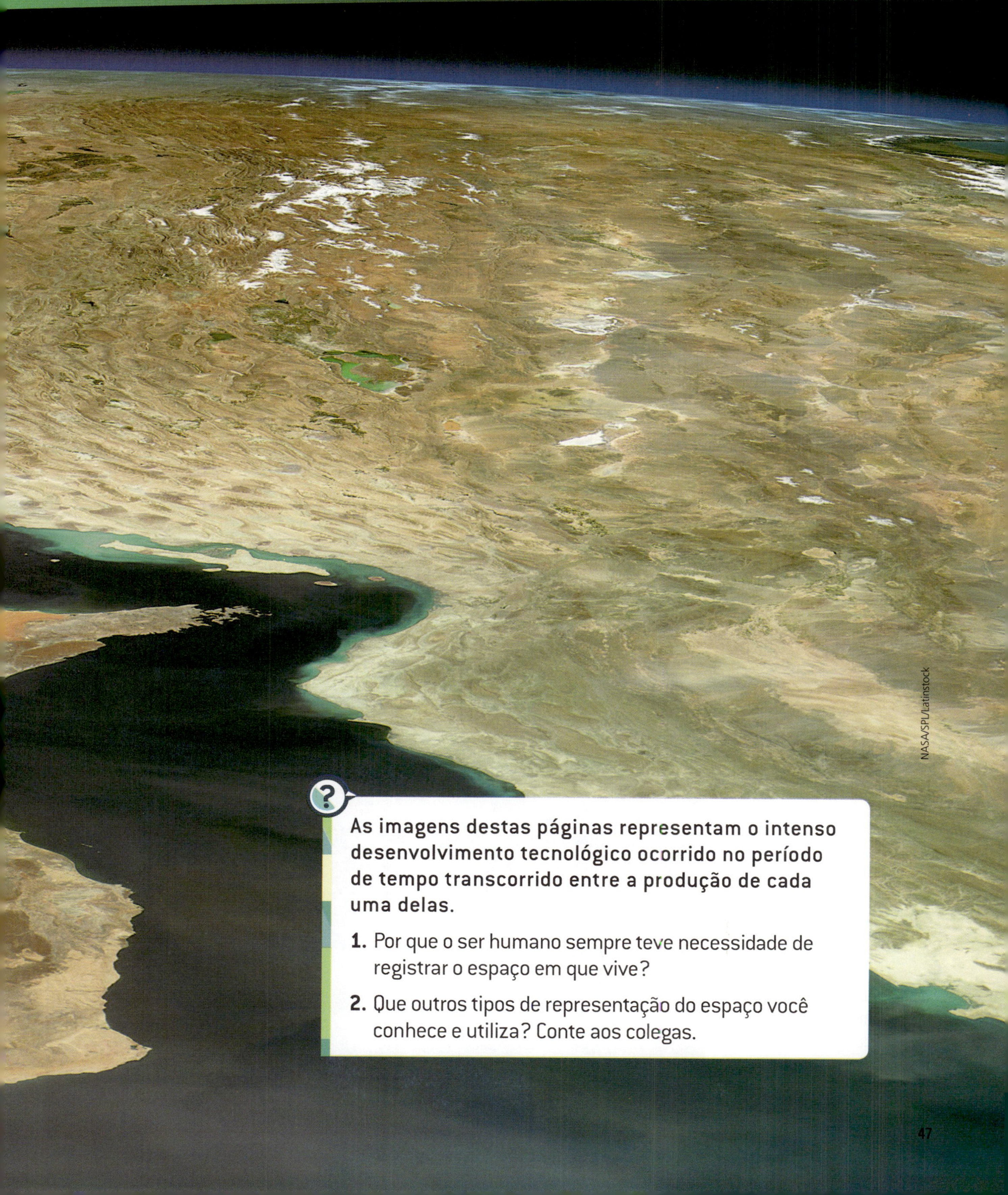

NASA/SPL/Latinstock

As imagens destas páginas representam o intenso desenvolvimento tecnológico ocorrido no período de tempo transcorrido entre a produção de cada uma delas.

1. Por que o ser humano sempre teve necessidade de registrar o espaço em que vive?
2. Que outros tipos de representação do espaço você conhece e utiliza? Conte aos colegas.

CAPÍTULO 5

Os mapas e a cartografia

Muitas vezes, ouvimos falar de cidades, monumentos, rios, montanhas e outros tantos lugares que nem imaginamos onde ficam. Mas, por meio dos mapas, é possível localizar qualquer lugar sobre a superfície da Terra. Você já utilizou um mapa? Com que finalidade? Converse a respeito disso com os colegas.

A necessidade de conhecer melhor o mundo levou o ser humano a descobrir modos de representar, de forma simbólica, as principais características de lugares e paisagens. Dessa maneira, diferentes sociedades começaram a registrar, por meio de desenhos e de outras linguagens gráficas, a disposição espacial de elementos naturais e culturais, como rios, florestas, montanhas e aldeias.

Isso era feito em materiais como cerâmica, pergaminho e, mais tarde, papel. Essas representações receberam o nome de mapas, e o conjunto das técnicas, métodos e habilidades artísticas desenvolvidos para a elaboração de mapas passou a ser denominado cartografia.

pergaminho: pele de animal preparada para servir de base à escrita de textos e à elaboração de mapas

Observe, nas imagens que seguem, mapas produzidos por artesãos-cartógrafos que viveram em sociedades e períodos históricos diferentes.

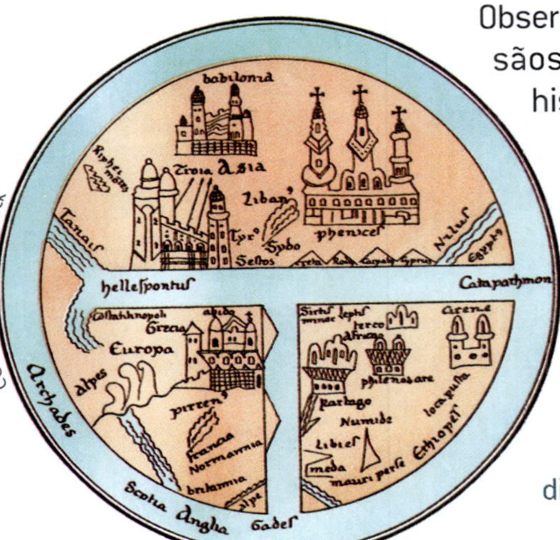

CCI Archives/SPL/Latinstock

O mapa ao lado foi muito utilizado na Europa até o século XV. Ele é chamado de Mapa T-O, iniciais das palavras em latim *Orbis Terrarum*, que significam "Círculo da Terra". Nele, vemos representados os três continentes conhecidos na época: a Europa, a Ásia e a África.

O mapa abaixo foi elaborado pelo italiano Francesco Rosselli, em 1508. Nesse mapa, são representados os paralelos e meridianos presentes nos mapas atuais.

Giro pela História

1. Que porções do espaço terrestre foram representadas no mapa acima, no mapa ao lado e no da página **46**?
2. O que mais chamou sua atenção nesses mapas?

Francesco Rosselli. *Mapa do mundo*, 1508. Museu Marítimo Nacional, Londres, Inglaterra. Foto: DEA PICTURE LIBRARY/De Agostini/Getty Images

Mapas: a superfície terrestre vista de cima

Os seres humanos sempre procuraram compreender a paisagem que os cerca observando-a do alto. Na Antiguidade, via-se melhor a paisagem de cima de uma torre ou de um morro. Já a partir do século XIX, com a invenção da máquina fotográfica, foi possível obter imagens a bordo de balões. Além de balões, foram utilizadas pipas e até mesmo pombos para se fazer registros aéreos da paisagem.

Atualmente, máquinas fotográficas digitais e sensores acoplados a aviões e satélites artificiais revelam os aspectos da paisagem onde vivemos, assim como os de paisagens muito distantes de onde estamos. Veja o exemplo abaixo.

Quando contemplamos uma paisagem ao nível do chão, nós a observamos de um ponto de vista horizontal. Se estivermos em posições mais elevadas, podemos observá-la do ponto de vista oblíquo, do alto e de lado, ou do ponto de vista vertical, do alto e de cima para baixo. Em um mapa, os elementos da superfície terrestre são representados como se fossem observados do ponto de vista vertical. Veja a seguir algumas imagens do Museu Padre Carlos Weiss, da cidade de Londrina, no Paraná.

Ponto de vista horizontal

André Silva/ASC Imagens

Ponto de vista oblíquo

André Silva/ASC Imagens

Ponto de vista vertical

Image 2015 DigitalGlobe/Google Earth

Mapa: representação elaborada a partir do ponto de vista vertical

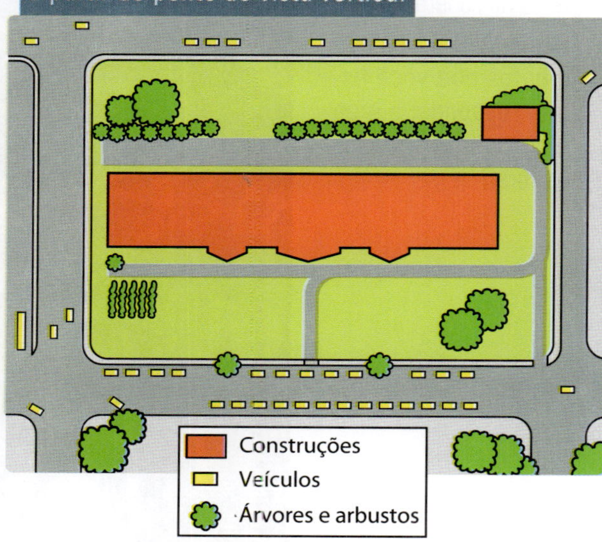

R. Hatadani

A produção de mapas na atualidade

Durante o século XX, grandes avanços tecnológicos permitiram mais precisão nas técnicas cartográficas. Com isso, a produção de representações gráficas da superfície terrestre ficou cada vez mais detalhada.

Atualmente, os mapas elaborados pelos cartógrafos apresentam informações obtidas por meio de fotografias aéreas e imagens orbitais geradas por satélite. Além desses recursos, o cartógrafo, muitas vezes, percorre os locais a serem mapeados, verificando ou coletando informações para que a representação se torne a mais correta possível.

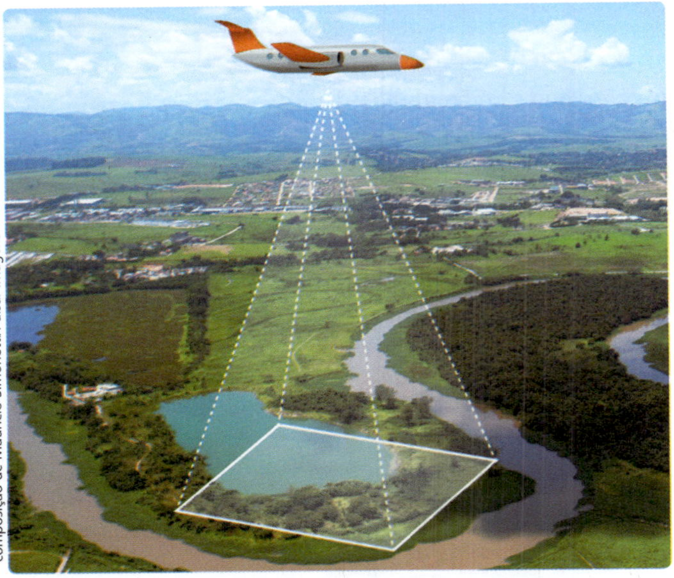

Fotomontagem de Somma Studio com a composição de Mauricio Simonetti/Pulsar Imagens

Munidos de máquinas fotográficas especiais, aviões sobrevoam as áreas que se deseja mapear, como mostra o esquema acima. A fotografia aérea abaixo é o resultado desse tipo de trabalho técnico. Nela vemos um bairro da cidade de Dortmund, Alemanha, em 2014.

As fotografias aéreas

As **fotografias aéreas** são utilizadas para obter informações sobre uma área que se deseja mapear. Nesse processo, câmeras especiais instaladas em aviões registram as características de uma porção do espaço terrestre (imagem ao lado).

Embora seja um recurso mais antigo do que as imagens geradas por satélites, a fotografia aérea é igualmente importante, pois também permite a elaboração de mapas com informações precisas e detalhadas da superfície terrestre, como os tipos de lavoura de uma área rural e até o tamanho dos lotes de um bairro numa cidade.

Empresas especializadas em cartografia utilizam aparelhos sofisticados para elaborar mapas e cartas com base em fotografias aéreas.

1. Quais são os elementos que aparecem com mais destaque na foto? Liste-os no caderno.
2. De acordo com os elementos que você listou, responda: a área representada é urbana ou rural?

Hans Blossey/euroluftbild.de/picture alliance/Easypix

As imagens orbitais

As **imagens orbitais** são representações da superfície terrestre obtidas por satélites artificiais especiais, que giram em torno da Terra a elevadas altitudes (veja a figura ao lado). Esses satélites são equipados com sensores que captam a energia refletida pela superfície terrestre, transformando-a em imagens. Muitas vezes, essas imagens são as principais fontes de informação para a elaboração dos mapas.

Por meio da observação das imagens orbitais de satélite é possível, por exemplo, planejar ações a serem tomadas em relação ao crescimento de cidades, às atividades do espaço rural, às diferentes formas de poluição do ar e das águas e, ainda, à proteção de áreas com diferentes tipos de vegetação. Além disso, as imagens orbitais permitem localizar com precisão certos recursos naturais, como as jazidas minerais, e também obter dados meteorológicos.

As imagens orbitais geradas por satélite são cada vez mais importantes para conhecer e planejar formas de atuação no espaço geográfico.

sensor: aparelho utilizado para captar, registrar e medir a forma de um objeto, terreno ou fenômeno, com base na energia refletida por ele

David Ducros/SPL/Latinstock

Satélites artificiais giram em torno da Terra a elevadas altitudes, captando imagens de extensas regiões do planeta.

As imagens orbitais e suas cores

A imagem abaixo mostra a cidade do Rio de Janeiro e municípios vizinhos. Ela foi captada pelo satélite artificial sino-brasileiro CBERS-2, no ano de 2011. Para melhor compreendê-la, veja o que representa cada uma das cores que foram atribuídas pelos técnicos à imagem.

O verde indica as áreas ainda recobertas por vegetação nativa e também por pastagens e plantações.

O rosa indica a área urbanizada. Os tons mais escuros indicam uma concentração maior de construções, com destaque para a região central da cidade, onde existem mais edifícios.

O preto mostra as águas do Oceano Atlântico e da Baía da Guanabara.

As estreitas faixas em branco ao longo do litoral representam as áreas de praia, sobretudo, as voltadas para o mar aberto.

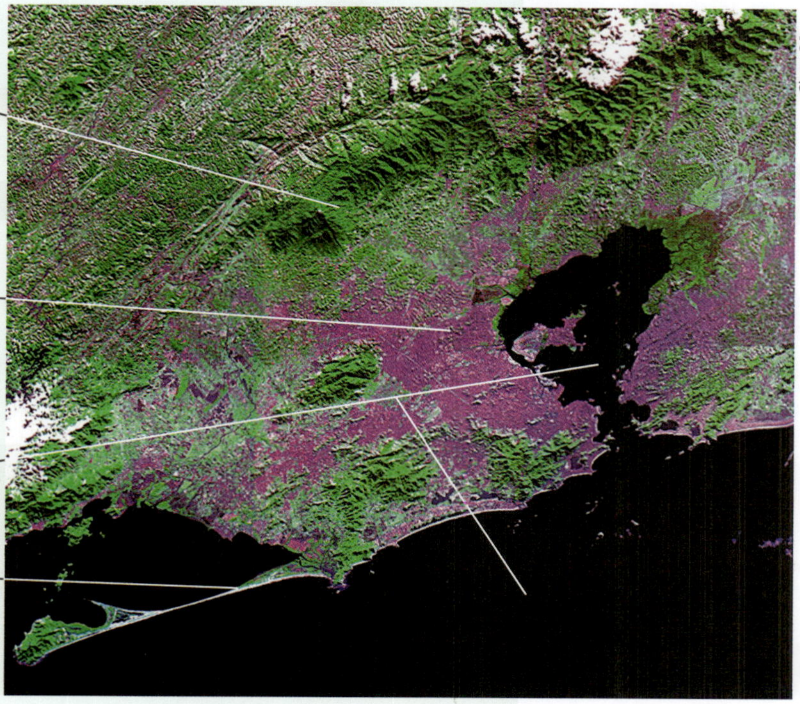

Cbers 2/Inpe

Atividades

Revisão

1. O que é cartografia?

2. Como surgiram os primeiros mapas?

3. Aponte diferenças entre os mapas produzidos atualmente e aqueles produzidos nos primórdios da cartografia.

4. Que importância um mapa pode ter no trabalho de um dos seguintes profissionais: navegador, taxista, corretor de imóveis e caminhoneiro?

5. Qual é a importância das fotografias aéreas e das imagens de satélite para a produção de mapas?

6. Transcreva as frases abaixo no caderno, corrigindo o que estiver errado em seu conteúdo.
   a) Os seres humanos registravam a paisagem em materiais como cerâmica, pergaminho e telas digitais.
   b) Um mapa é a representação do espaço geográfico feita do ponto de vista horizontal.
   c) A fotografia aérea é um recurso antigo e perdeu sua importância para as imagens orbitais na atualidade.
   d) As imagens de satélite são obtidas por meio de máquinas fotográficas, que captam a energia refletida da superfície terrestre.

Análise de imagens

7. Na historinha que segue, dois colegas fazem um passeio de balão de ar quente nas redondezas da escola onde estudam. Observe que, abaixo dos dois primeiros quadros, há uma representação da paisagem de acordo com a posição do voo feito pelo balão.

Momento 1

Momento 2

Momento 3

Visão horizontal

Visão oblíqua

Ilustrações: Bruno O. Sampaio

Agora é com você! Desenvolva o quadro **3** no caderno, desenhando a maneira como os dois colegas observaram os elementos da paisagem local a partir de uma visão vertical da superfície.

Trabalho com representações

8 As imagens apresentam a intensa **evolução da cartografia** ocorrida ao longo do tempo. Observe-as.

1

Autor desconhecido. *Mapa da ilha de Santa Catherina*, c. 1760. Arquivo Histórico do Exército do Rio de Janeiro, Brasil

2

Landsat 5/Inpe

Na imagem **1**, vemos um mapa do litoral de Santa Catarina produzido no século XVIII. Já na imagem **2**, vemos a mesma área captada pelos sensores do satélite Landsat 5, em 2011.

a) Com o auxílio de um atlas, identifique a porção do território brasileiro representada nas imagens.

b) Quais são as principais semelhanças e diferenças entre as duas representações? Você descobriu algo de curioso em suas comparações? Conte aos colegas.

c) Por que é possível produzir mapas cada vez mais precisos? Explique.

GEOGRAFIA na Biblioteca

Orientação e mapas

O livro *Orientação e mapas* é uma introdução ao mundo da cartografia e da interpretação dos mapas.

Eduardo Banqueri. *Orientação e mapas*. São Paulo: Escala Educacional, 2006. (Guias de Campo)

Escala Educacional

Além disso...

Mapas

Andrew Haslam e Barbara Taylor. São Paulo: Scipione, 1999. Livro que pode auxiliá-lo em suas pesquisas e curiosidades sobre os mapas e como utilizá-los.

Inpe (Instituto Nacional de Pesquisas Espaciais) <www.cbers.inpe.br/hotsite/galeria/brasil_espaco/index.php>

Site com acervo de imagens de satélites das capitais brasileiras.

IBGE Teen <http://teen.ibge.gov.br/>

Site com rico acervo de mapas do território brasileiro.

Google Earth <https://earth.google.com/>

Software gratuito que permite visualizar a superfície da Terra.

O mundo em leitura

Em busca de um porto seguro

Giro pela **História**

No século XVI, os europeus lançaram-se à descoberta e à conquista de novos continentes. Queriam ir além das terras próximas e, através dos mares, chegar aos lugares até então desconhecidos. Descobriram terras na América, contornaram a África e começaram a fazer comércio com os povos do Oriente. Ampliaram, assim, seus horizontes, antes restritos às terras europeias, ao norte da África e a parte da Ásia.

A cartografia colaborou na descoberta de novos caminhos. Através das cartas marítimas, verdadeiros guias dos navegadores, tornou-se possível aventurar-se pelos mares com um pouco de segurança, com chances de retornar.

Essas cartas receberam o nome de "Cartas Portulanas" e podem ser consideradas a origem dos mapas atuais. Ainda hoje o termo carta é usado para designar mapas marítimos.

As cidades de Maiorca, Veneza e Gênova foram os grandes centros de produção dessas cartas no século XVI. Inúmeras pessoas, principalmente comerciantes que desejavam se aventurar pelos mares, necessitavam desse tipo de material. Por isso, recorriam aos especialistas e encomendavam seus serviços.

Naquela época, os cartógrafos não contavam com muitos recursos que facilitassem a confecção dessas cartas. A bússola e a observação das estrelas foram um grande auxílio. Ainda hoje podemos nos orientar olhando o céu, para encontrar constelações conhecidas, e com os pontos cardeais determinados pela bússola, saber onde estamos e que direção seguir.

Rosaly M. Braga Chianca. *Mapas: a realidade no papel*. São Paulo: Ática, 1999. p. 39.

◄ Foto de bússola.

▼ Representação portulano em 1544.

Ler, pensar, compreender

1. Em que época os europeus se lançaram à conquista de novas terras?
2. Os europeus conquistaram terras em quais continentes?
3. Como a cartografia colaborou para tais feitos?
4. O que eram as chamadas "Cartas Portulanas"?
5. Que recursos os cartógrafos europeus daquela época tinham para a confecção de seus mapas?
6. Que territórios a Carta Portulana mostrada na página anterior representa?

Fotomontagem de G. Machado com a composição de Nastco/Thinkstock/Getty Images; Lopo Homem. 1519. Coleção particular. Foto: De Agostini/G. Dagli Orti/Glow Images

CAPÍTULO 6 Os mapas e sua linguagem

Na tirinha, a personagem Suriá e seu amigo utilizam um mapa em uma brincadeira. Muitas pessoas utilizam mapas em seu dia a dia. Para vários profissionais, como taxistas e pilotos de avião, os mapas são uma ferramenta de trabalho. Você conhece alguém que utiliza algum tipo de mapa para trabalhar? Conte aos colegas.

Leia a tirinha abaixo.

Laerte

Laerte. Suriá. *Folha de S.Paulo*. São Paulo, 9 ago. 2003. Folhinha, p. 8.

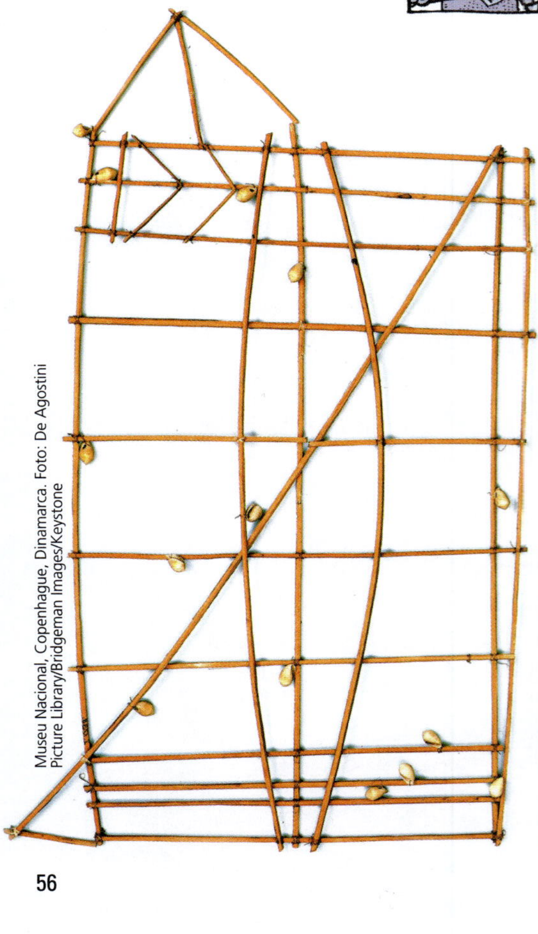

Museu Nacional, Copenhague, Dinamarca. Foto: De Agostini Picture Library/Bridgeman Images/Keystone

Assim como fotografias e textos, mapas são fontes de informação para as pessoas. Porém, nos mapas, é utilizada uma linguagem própria que precisamos conhecer para melhor compreendê-los. Essa linguagem é composta de uma série de símbolos criados com a finalidade de representar características naturais e/ou humanas de diferentes áreas da superfície terrestre. Esses símbolos variaram no decorrer da história e entre as diferentes sociedades.

Vivência e cultura

Na imagem ao lado, vemos um mapa elaborado no século XIX pelos habitantes das Ilhas Marshall, arquipélago localizado no Oceano Pacífico. Com suas embarcações, eles se deslocavam entre as várias ilhas, utilizando um mapa feito com varetas e conchas amarradas com fibras de coco. As varetas indicam a direção dos ventos e das correntes marítimas, e as conchas representam a localização de várias ilhas. De acordo com estudiosos, esse tipo de mapa já era utilizado há cerca de 3 mil anos.

As convenções cartográficas

A necessidade de representar com fidelidade em um mapa as características de determinadas áreas da superfície terrestre levou os cartógrafos a desenvolver uma série de símbolos gráficos (desenhos, cores, números e letras, pontos, linhas ou hachuras) aceitos internacionalmente na forma de convenção. Por isso, um mapa, em geral, pode ser compreendido independentemente do país em que foi produzido.

Entre as convenções cartográficas, podemos citar os seguintes exemplos: cursos de água, como rios, lagos, mares e oceanos, devem ser representados na cor azul; florestas e matas, na cor verde; rodovias, com linhas e traços. Os significados desses símbolos ou convenções são explicados no mapa por meio da legenda.

O quadro abaixo traz alguns exemplos de símbolos que você poderá encontrar na legenda de mapas de diversos atlas, livros, jornais, entre outros.

Exemplos de convenções cartográficas		
Rio	Capital de país	Barragem
Rodovia	Capital de estado	Barragem com eclusa
Rodovia com pista dupla	Cidade	Frente quente
Ferrovia	Aeroporto	Frente fria
Limite interestadual	Porto	Área alagada
Limite internacional	Pico	Lago

Ilustrações: Edson B. C.

Principais vias de transporte na Região Nordeste

Edson B. C.

Fonte: ATLAS geográfico escolar. 6. ed. Rio de Janeiro: IBGE, 2012. p. 143.

Observe as convenções utilizadas no mapa ao lado e responda às questões a seguir.

1. Quantos e quais são os estados da Região Nordeste?
2. Cite o nome das capitais e de algumas cidades importantes de cada estado.
3. Onde estão localizados os principais portos e aeroportos dessa região?
4. Em que porção da Região Nordeste está a maior parte das ferrovias?

Os mapas temáticos

Vimos que, por meio de símbolos, cores e linhas, podemos representar as características de uma porção da superfície terrestre em um mapa. Contudo, se muitas características forem representadas, a compreensão do mapa pode se tornar difícil. É por isso que existem mapas específicos para representar determinadas características de um lugar. São os chamados **mapas temáticos**.

Conheça a seguir alguns grupos de mapas temáticos:

- mapas físicos – representam os aspectos naturais de determinada área, como o relevo, a hidrografia, a geologia, o clima e a vegetação;
- mapas econômicos – representam a distribuição das riquezas de uma determinada área, como a localização de recursos minerais, das indústrias e da produção agropecuária, a rede viária e o potencial turístico;
- mapas demográficos – representam a distribuição da população de determinada área (estado, região, país etc.) no território.

Vegetação original de Mato Grosso do Sul

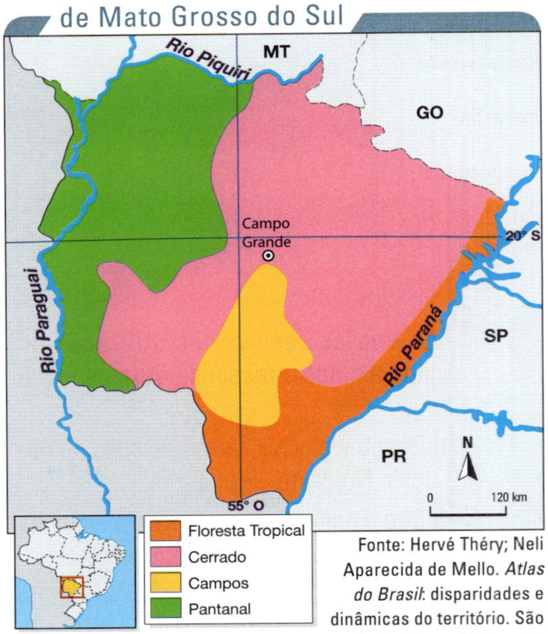

Fonte: Hervé Théry; Neli Aparecida de Mello. *Atlas do Brasil*: disparidades e dinâmicas do território. São Paulo: Edusp, 2005. p. 67.

Distribuição da população em Goiás

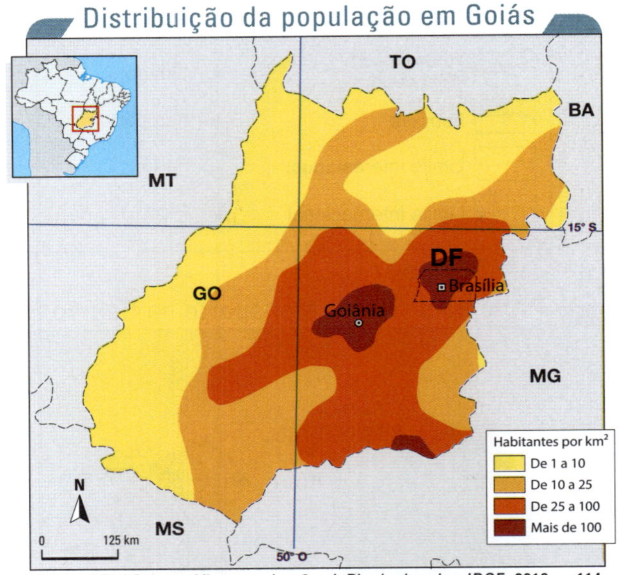

Fonte: ATLAS geográfico escolar. 6. ed. Rio de Janeiro: IBGE, 2012. p. 114.

Principais indústrias de Minas Gerais

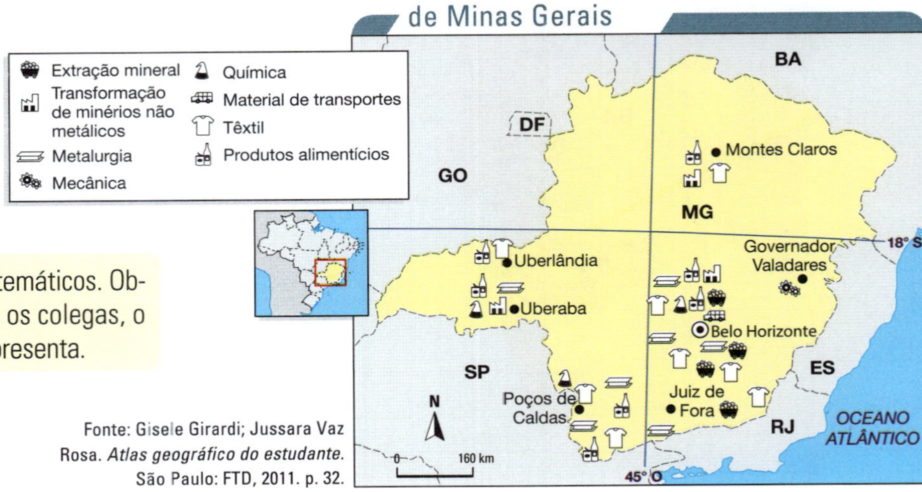

Fonte: Gisele Girardi; Jussara Vaz Rosa. *Atlas geográfico do estudante*. São Paulo: FTD, 2011. p. 32.

Ilustrações: Edson B. C.

Os mapas desta página são temáticos. Observe-os e especifique, com os colegas, o grupo que cada um deles representa.

Com base na análise de um mapa temático é possível conhecer detalhes de lugares próximos ou distantes, planejar ações, verificar as transformações provocadas pela sociedade nas paisagens, enfim, compreender melhor o espaço geográfico. De acordo com o objetivo, os mapas são usados de diferentes formas.

Usamos os mapas para os mais diversos fins. Por exemplo, quando queremos localizar uma rua ou avenida, examinamos um guia da cidade. Quando viajamos por uma estrada, fazemos uso de um mapa rodoviário (A), que nos permite saber a localização das cidades e estradas que fazem ligações entre elas (B).

O mapa é um instrumento importante para geógrafos, geólogos, engenheiros, arquitetos e outros profissionais que necessitam conhecer as características das áreas que estudam ou em que trabalham (C). Os tipos de rocha que formam os terrenos são representados em um mapa geológico (D).

André Silva/ASC Imagens

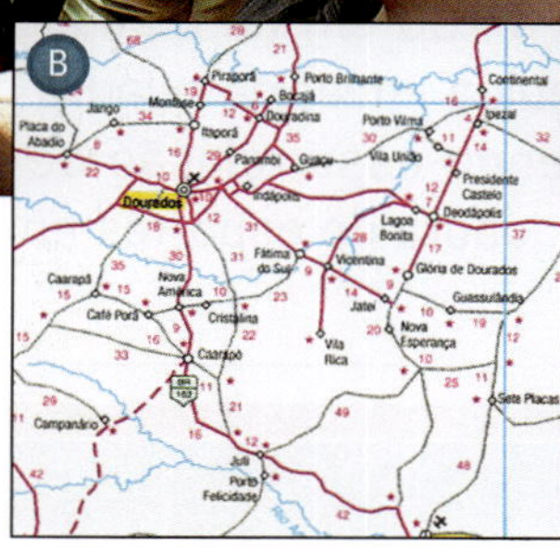

Guia Quatro Rodas 2008. São Paulo/Editora Abril

R. R. Rufino/ASC Imagens

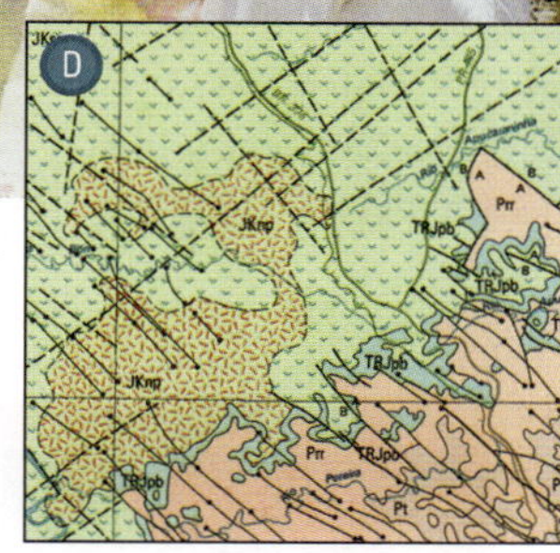

DNPM/Mineropar

Como interpretar um mapa

A interpretação de um mapa exige certos procedimentos e cuidados. É preciso abrir o mapa sobre uma superfície plana e observar atentamente o que ele expressa.

Dispondo-o horizontalmente, temos a impressão de que estamos sobrevoando o espaço por ele representado. Assim, nossa visão é abrangente e temos uma importante noção do conjunto.

Para interpretar o mapa, também devemos conhecer as informações apresentadas pelos elementos que o compõem, como título, legenda, escala, orientação e fonte, relacionando-as ao que está representado.

Edson B. C.

Fonte: ATLAS geográfico escolar. 6. ed. Rio de Janeiro: IBGE, 2012. p. 172.

A escala dos mapas

Já estudamos a produção dos mapas e os símbolos neles utilizados. Mas como é possível representar uma cidade, um país ou mesmo toda a superfície terrestre em um mapa do tamanho de uma folha de papel?

O mapa constitui a representação gráfica de um espaço real em uma superfície plana. Nele, podemos representar todo o planeta ou apenas uma parte dele, como as ruas de uma cidade, os rios de um país, os continentes ou os oceanos. As dimensões reais da superfície terrestre representada em um mapa são indicadas pela escala.

A **escala** é uma relação de proporção estabelecida por quem elaborou o mapa. Imagine, por exemplo, que se queira representar, em uma folha de papel, a quadra de esportes de uma escola com 16 metros (m) de comprimento por 9 m de largura, mantendo as mesmas proporções. Para que isso seja possível, estabelece-se uma relação de proporção, isto é, uma escala entre a medida real e a que será utilizada na representação. Nesse exemplo, a escala estabelecida é a de que 1 m na realidade equivale a 1 centímetro (cm) na representação.

Meça com uma régua os lados da quadra de esportes representada abaixo e comprove se as proporções estão de acordo com a escala mencionada no texto.

Como se sabe, 1 m é igual a 100 cm; então, de acordo com essa escala, 1 cm no papel corresponde a 100 cm na realidade. Isso quer dizer que, para ser representada, a medida linear da quadra de esportes será reduzida cem vezes. Estabelecendo essa relação de proporção, é possível desenhar sem problemas a quadra de esportes em uma folha de papel.

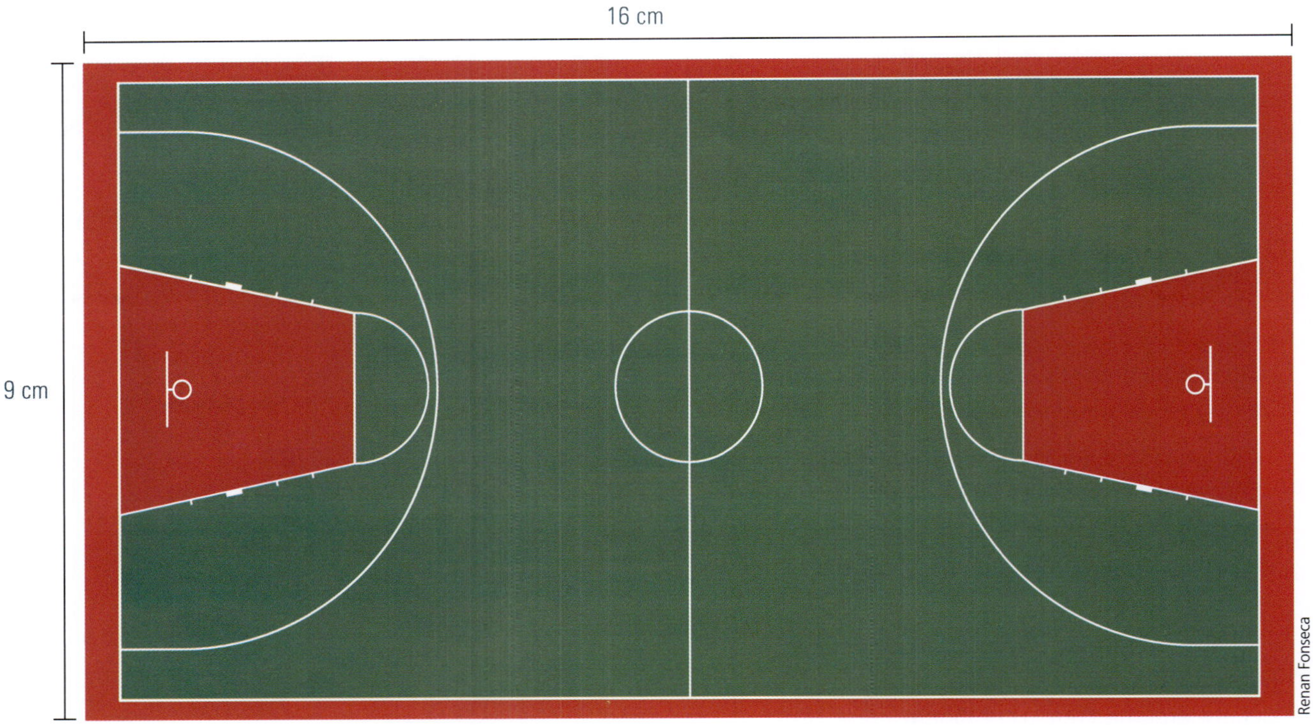

Observando o exemplo acima, podemos concluir que: 1 cm na representação corresponde a 100 cm na realidade.

Então:

- 16 cm de comprimento na representação correspondem a 1.600 cm ou 16 m na realidade;
- 9 cm de largura na representação correspondem a 900 cm ou 9 m na realidade.

A escala numérica e a escala gráfica

Há dois tipos de escala que podem ser utilizados em um mapa: a escala numérica e a escala gráfica.

Escala numérica é aquela indicada no mapa em forma de fração – por exemplo: 1/100 (lê-se 1 sobre 100) – ou em forma de razão – por exemplo: 1 : 100 (lê-se 1 para 100).

O numerador da escala numérica indica a medida no mapa

1 cm / 100 cm

ou

1 cm : 100 cm

O denominador indica a medida na realidade

razão: relação entre dois números

Escala gráfica é aquela indicada no mapa na forma de uma linha reta horizontal, dividida em partes iguais, como se fosse uma régua. Nela, estão indicadas as distâncias reais do mapa. A escala gráfica permite a visualização imediata do tamanho e das distâncias entre os elementos de um mapa.

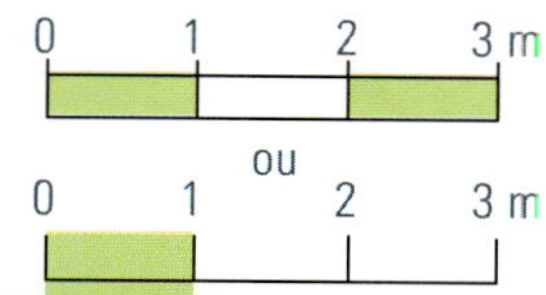

Neste exemplo, 1 centímetro na representação equivale a 1 metro na realidade

Agora, observe o mapa a seguir.

Principais cidades do Amazonas

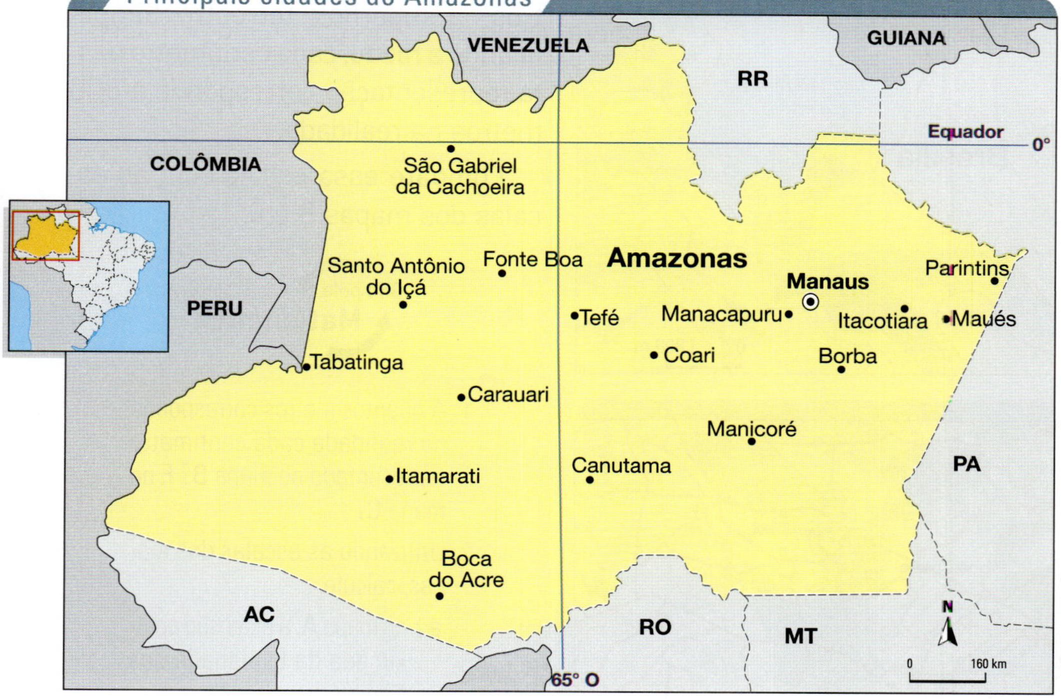

Edson B. C.

Fonte: ATLAS geográfico escolar. 6. ed. Rio de Janeiro: IBGE, 2012. p. 157.

Usando como referência o mapa do estado do Amazonas acima, podemos constatar que:

a) a escala gráfica indica que cada centímetro no mapa equivale a 16 milhões de cm, ou a 160 mil m, ou ainda a 160 km no terreno, isto é, na realidade;

b) a distância entre Tabatinga e Canutama no mapa é de 4 cm, o que corresponde a uma distância real em linha reta de 640 km;

c) a distância entre São Gabriel da Cachoeira e Maués no mapa é de 7 cm, o que corresponde a uma distância real em linha reta de 1 120 km.

A variação da escala

As escalas dos mapas permitem representar um espaço qualquer em tamanho reduzido, independentemente de sua extensão real.

Os mapas a seguir representam partes de Brasília, a capital de nosso país, e áreas vizinhas. Nesses exemplos, podemos perceber que, de acordo com a variação da escala, mapas de tamanhos iguais podem representar áreas maiores ou menores da superfície terrestre. Essa variação da escala resulta, também, em níveis diferentes de detalhes das informações representadas.

Observe que o mapa **A** está na escala aproximada de 1 : 80 000. Isso quer dizer que cada centímetro no mapa corresponde a 80 mil centímetros na superfície terrestre. Simplificando a razão, cada centímetro desta representação corresponde a 800 metros na realidade.

Compare essa escala com as escalas dos mapas **B** e **C**.

Mapa A

Mapa B

Mapa C

Ilustrações: Sonia Vaz

Fonte dos mapas: Landsat. *Google Earth*. Versão 7.12.2041. Google Inc., 2015.

Giro pela Matemática

1. A quantos metros corresponde na realidade cada centímetro representado no mapa **B**? E no mapa **C**?
2. Utilizando as escalas dos mapas, calcule:
   a) no mapa **A**, a extensão aproximada da Esplanada dos Ministérios;
   b) no mapa **B**, a extensão aproximada, em linha reta, entre os extremos da Asa Norte e da Asa Sul;
   c) no mapa **C**, a distância aproximada, em linha reta, entre o centro de Brasília e Planaltina.

Planta, planisfério e globo terrestre

De acordo com a escala, os mapas desempenham funções diferentes.

Quando se deseja representar uma área restrita, como uma casa, um bairro ou uma cidade, recorre-se às plantas. Em geral, as plantas são produzidas em uma escala grande (1 : 20, 1 : 100, 1 : 5 000), para que o maior número de detalhes possa ser incluído.

Mas, quando se deseja representar uma grande extensão de terras, como toda a superfície terrestre, utiliza-se o planisfério ou mapa-múndi, que é um mapa em escala pequena (1 : 1 000 000, 1 : 50 000 000). Esse tipo de mapa é muito utilizado nas escolas, pois nele é possível visualizar todos os continentes, oceanos e países ao mesmo tempo.

Em um mapa-múndi, o Brasil, que está no Hemisfério Ocidental, pode ser visto ao mesmo tempo que o Japão, a China e a Austrália, situados no Hemisfério Oriental. Porém, nos planisférios, muitas vezes não é possível perceber a proximidade entre determinados pontos da superfície terrestre. Um planisfério em que a Europa apareça representada no centro, por exemplo, mostra a América do Norte e a Ásia separadas, cada qual em um extremo do mapa. No entanto, quando se observa um globo geográfico, percebe-se que, em determinada área, esses dois continentes estão muito próximos, separados apenas por um pequeno estreito, denominado Estreito de Bering.

Instrumento didático amplamente utilizado, o globo terrestre representa a forma e a superfície da Terra com mais fidelidade que um mapa.

Imagine que você precisasse estabelecer uma rota de navegação marítima, a mais curta possível, entre o Brasil e a Austrália. Que representação você usaria: um planisfério ou um globo terrestre? Explique o motivo de sua escolha.

André Silva/ASC Imagens

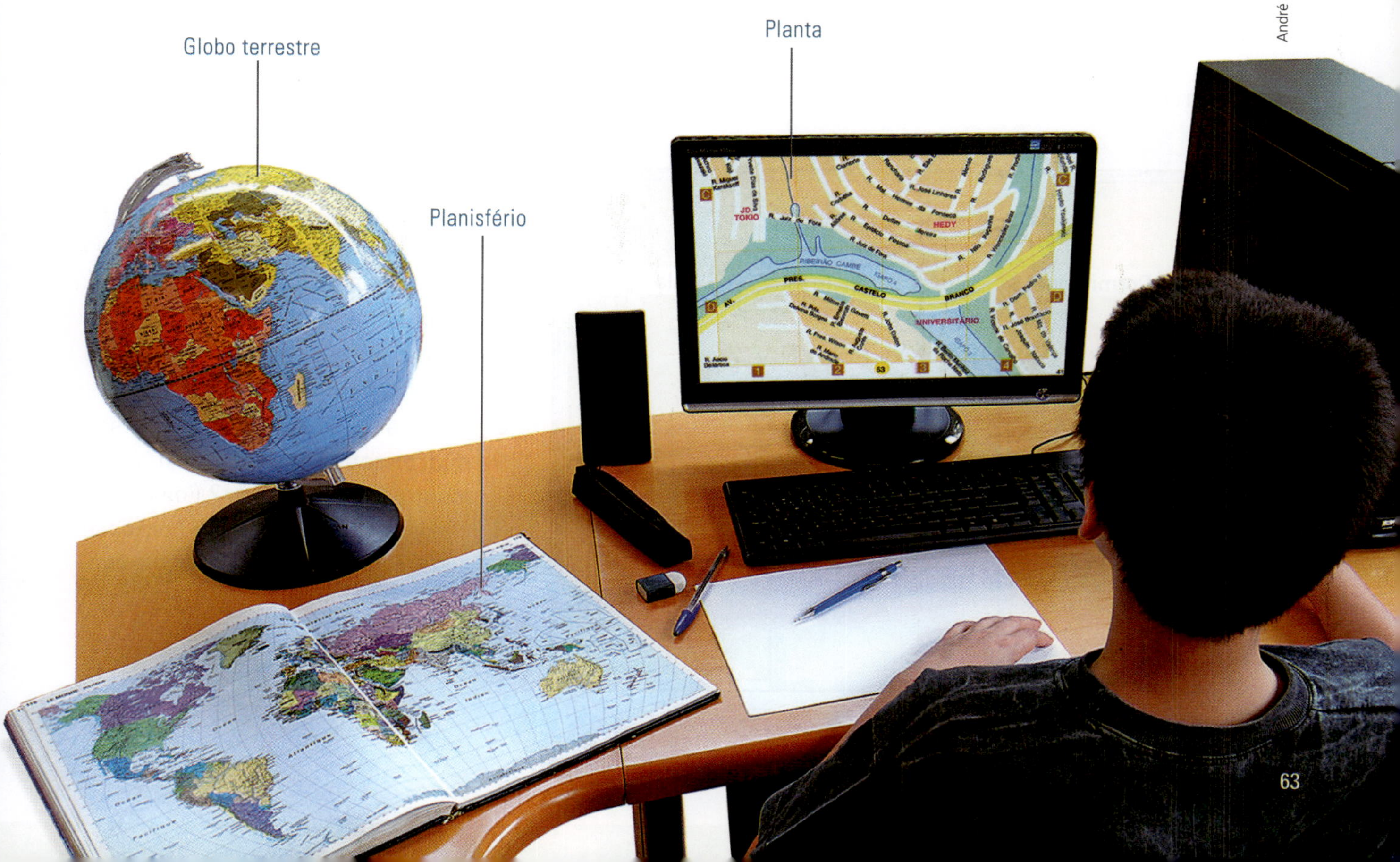

Atividades

Revisão

1 O que são convenções cartográficas? Qual é a sua importância para a cartografia?

2 Para que serve a legenda em um mapa? Explique com base no texto da página **59**.

3 O que são mapas temáticos? Cite três exemplos.

4 Sobre a noção de escala, responda:

a) O que é escala?

b) Quais são os tipos de escala que podemos encontrar em um mapa? Explique as diferenças entre eles.

5 Cite duas características que diferenciam:

a) planta de planisfério;

b) planisfério de globo terrestre.

Atividades de compreensão

6 Imagine que pedissem a você que produzisse um mapa no qual 1 cm no papel equivalesse a 600 km na realidade. Como seriam a escala numérica e a escala gráfica desse mapa? E se a proporção fosse de 1 cm na representação para 10 km na realidade?

7 Em um mapa que possui escala 1 : 500 000, a distância em linha reta entre duas cidades no papel é de 4 centímetros. Qual é a distância real entre as duas cidades em quilômetros?

8 Suponha que você precisasse comprar um mapa de uma cidade que apresentasse grande quantidade de detalhes e que o vendedor lhe mostrasse dois mapas: um na escala 1 : 10 000 e outro na escala 1 : 1 000 000. Qual deles você compraria? Por quê?

9 "Com um mapa-múndi, pode-se ver o mundo inteiro de uma só vez." Comente essa afirmação e cite dois casos em que a utilização do mapa-múndi é necessária.

Análise de imagem

10 Observe a representação a seguir.

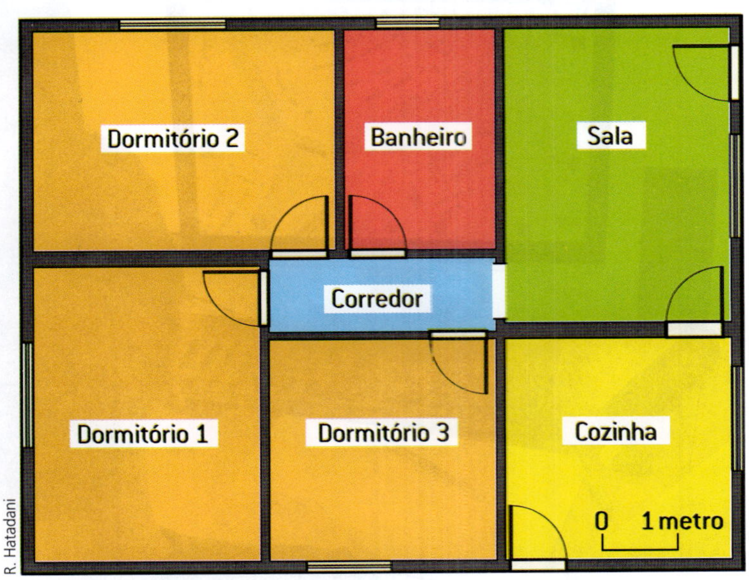

R. Hatadani

a) Com base na escala gráfica dessa representação, você diria que se trata de uma carta, um planisfério ou uma planta? Explique por quê.

b) Com o auxílio de uma régua e da escala gráfica, calcule o tamanho real das paredes do dormitório 3.

c) Em sua opinião, os móveis de seu quarto caberiam no dormitório 3, mostrado nesta planta? Como você chegou a essa conclusão? Com base nos cálculos que você realizou, confirme sua hipótese.

Trabalho com representações

11 Os mapas apresentam diferentes **elementos** que trazem importantes informações sobre essas representações. Observe os mapas abaixo e responda às questões a seguir no caderno.

A

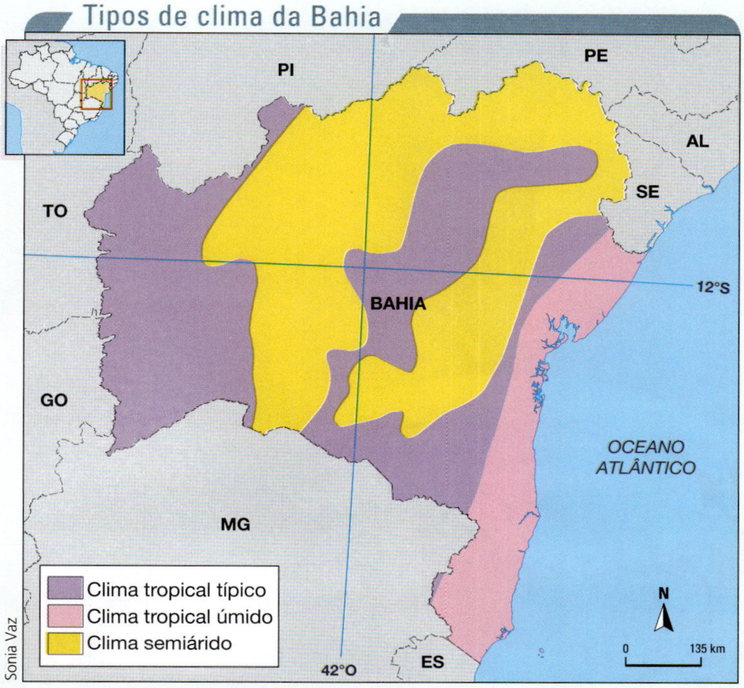

Fonte: ATLAS geográfico escolar. 6. ed. Rio de Janeiro: IBGE, 2012. p. 99.

a) Qual é o título do mapa **A**? E do mapa **B**?

b) Quais são as fontes de cada mapa, ou seja, de onde foram extraídos os dados utilizados na elaboração de cada um deles?

c) Observe a escala gráfica dos mapas e responda: cada centímetro no mapa **A** corresponde a quantos quilômetros na realidade? E no mapa **B**?

d) Os mapas possuem orientação? Em relação ao mapa **A**, cite um estado que se localize ao norte, ao sul e a oeste do estado representado.

e) Utilizando a escala gráfica e conhecendo a relação de proporção estabelecida, calcule no mapa **B** a distância entre as cidades de Barreiras e Feira de Santana.

B

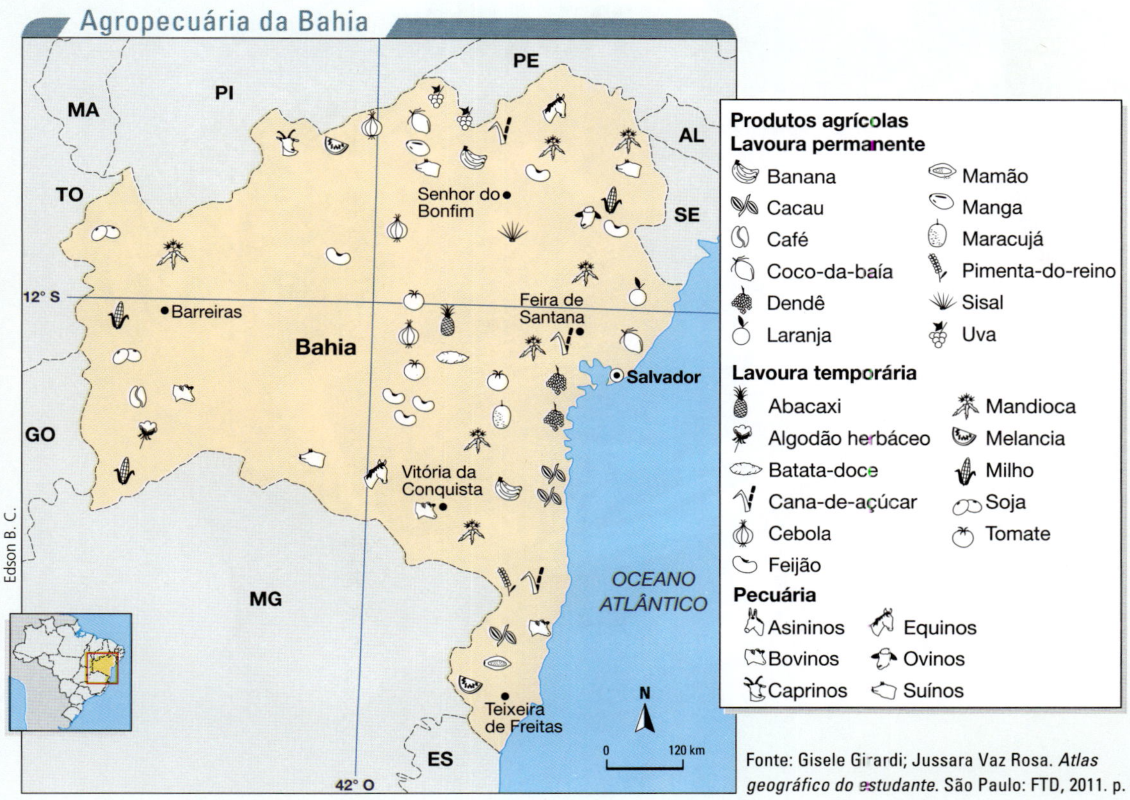

Fonte: Gisele Girardi; Jussara Vaz Rosa. *Atlas geográfico do estudante*. São Paulo: FTD, 2011. p. 46.

UNIDADE III

TERRA: NOSSO PLANETA, NOSSA CASA

choness/Thinkstock/Getty Images

Fotomontagem de mãos segurando o planeta Terra.

Se a Terra tivesse apenas alguns metros de diâmetro e flutuasse acima de um campo qualquer, as pessoas viriam de toda parte para admirá-la. Caminhariam ao seu redor maravilhadas com suas grandes poças d'água, suas pequenas poças e a água que flui entre elas. As pessoas admirariam suas protuberâncias e seus buracos. Admirariam a camada de gás muito fina que a envolve e a água suspensa nesse gás. Admirariam todos os animais caminhando na superfície da bola e os animais na água. As pessoas declarariam aquela bola sagrada, porque seria única, e elas a protegeriam para que nunca fosse danificada. A bola seria a maior maravilha conhecida, e as pessoas viriam rezar para ela, para serem curadas, para adquirir conhecimento, para conhecer a beleza e para se maravilhar de como aquilo podia existir. As pessoas a amariam e defenderiam com suas vidas, porque de algum modo saberiam que suas vidas não seriam nada sem ela.

Se a Terra tivesse apenas alguns metros de diâmetro.

Joe Miller

Joe Miller. "If the Earth...Were a Few Feet in Diameter". Greenwich Workshop Press, out. 1998. Trad. Carlos Felipe Moisés.

?

1. Você já havia imaginado a Terra como descrito no texto acima? Descreva para os colegas as imagens que surgiram em sua mente ao ler esse texto.
2. Você sabe como a Terra se formou? Quais são as características da Terra que permitem a existência de vida nesse planeta?
3. Por que precisamos cuidar bem da Terra, do nosso planeta, da nossa casa?

CAPÍTULO 7

A Terra e o Sistema Solar

Nesta página, os astros não apresentam as dimensões e as distâncias proporcionais.

Giro pela Ciências

Estudiosos indicam que a Terra e os outros planetas e astros existentes no Sistema Solar surgiram de porções de poeira e gás desprendidas do Sol há cerca de 4,6 bilhões de anos.

Essa estrela evoluiu de uma grande nebulosa de gases composta, sobretudo, de hidrogênio e hélio e de elementos sólidos como gelo, ferro e outros minerais (1). A princípio, a nebulosa solar apresentava-se como um imenso disco chato e girante (2).

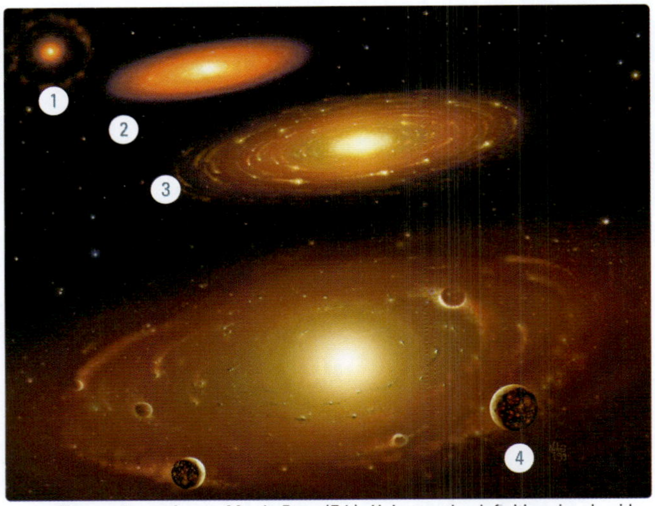

Mark Garlick/SPL/Latinstock

Ilustração conforme: Martin Rees (Ed.). *Universe*: the definitive visual guide. New York: Dorling Kindersley, 2008. p. 116-7.

Em determinado momento, de parte da nebulosa começaram a desprender-se vários anéis, que formaram uma série de aglomerações (3). Em algumas dessas aglomerações concentraram-se partículas sólidas, que deram origem aos planetas Mercúrio, Vênus, Terra e Marte. Em outras, condensaram-se porções maiores de gases, formando Júpiter, Saturno, Urano e Netuno (4).

Veja, a seguir, esquema do Sistema Solar.

Sistema solar

Ilustração produzida com base em: James F. Luhr (Ed.). *Earth*: the definitive visual guide. London: Dorling Kindersley, 2007. p. 118-9.

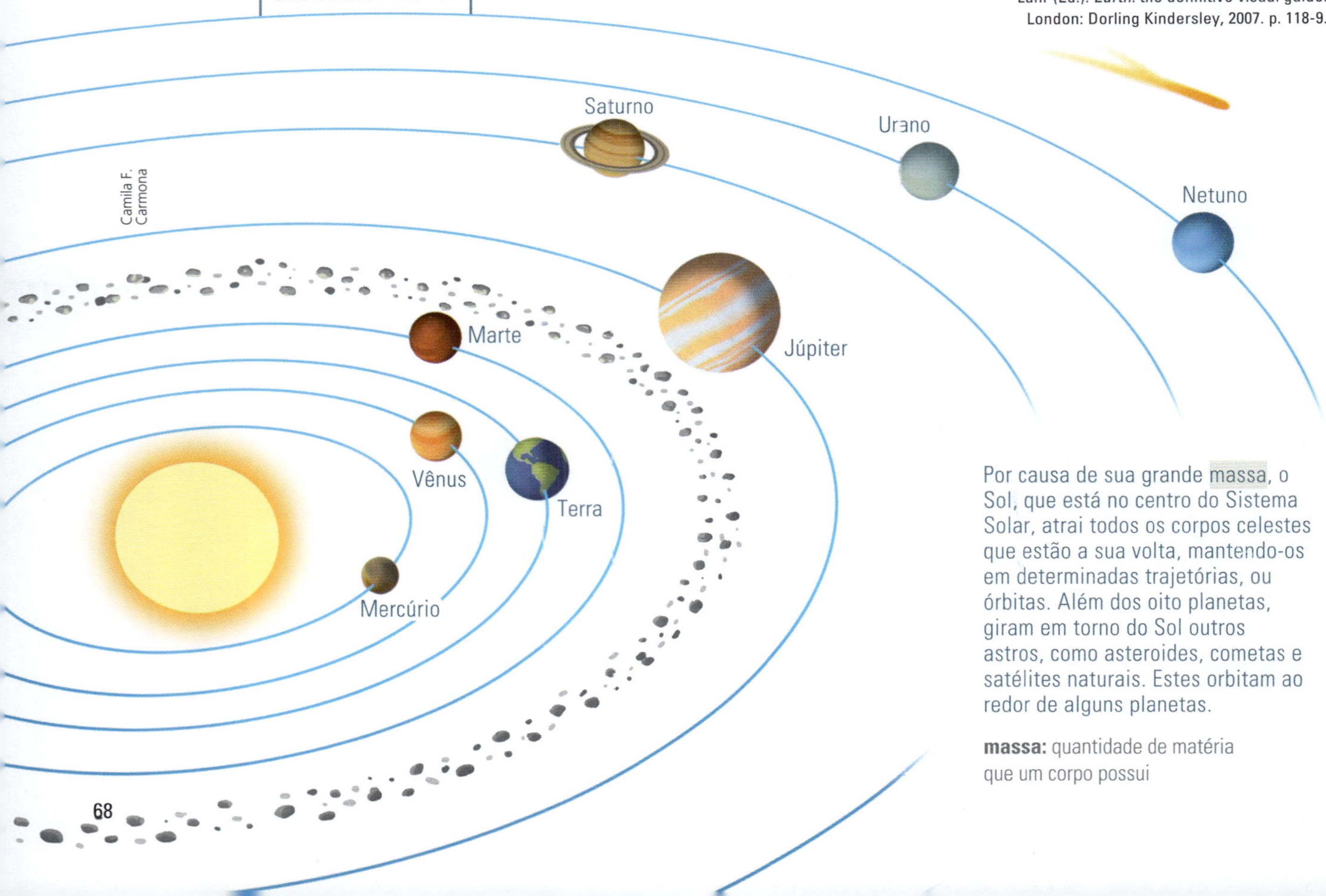

Camila F. Carmona

Por causa de sua grande massa, o Sol, que está no centro do Sistema Solar, atrai todos os corpos celestes que estão a sua volta, mantendo-os em determinadas trajetórias, ou órbitas. Além dos oito planetas, giram em torno do Sol outros astros, como asteroides, cometas e satélites naturais. Estes orbitam ao redor de alguns planetas.

massa: quantidade de matéria que um corpo possui

A Terra no Universo

Os meteoros são conhecidos popularmente como "estrelas cadentes", pois parecem estrelas caindo do céu. Na realidade, são fragmentos de matéria do espaço cósmico que, ao entrarem em contato com a atmosfera da Terra, ficam incandescentes. Os meteoros são apenas alguns dos sinais de que a Terra não está sozinha no espaço cósmico. Com ela vagam inúmeros corpos celestes, como estrelas, planetas, satélites naturais e cometas. Esses astros formam gigantescas aglomerações, denominadas **galáxias**.

Estima-se que no Universo existam mais de cem bilhões de galáxias, separadas por imensos espaços.

A galáxia onde a Terra está localizada é chamada **Via Láctea**. Quase todos os corpos celestes que podemos ver à noite, a olho nu, fazem parte dessa galáxia e, em sua maioria, são estrelas.

As **estrelas** são imensos corpos celestes que possuem luz própria, pois irradiam grande quantidade de energia. A estrela mais próxima da Terra é o Sol. Calcula-se que na Via Láctea existam bilhões de estrelas de dimensões e colorações diversas, algumas parecidas com o Sol.

Nesta página, os astros não apresentam as dimensões e as distâncias proporcionais.

A Via Láctea

Os astrônomos acreditam que a Via Láctea, assim como muitas de suas estrelas, tenha surgido há cerca de 10 bilhões de anos. Já o Sol teria se formado mais recentemente, há cerca de 4,6 bilhões de anos. Observe a imagem ao lado e leia as legendas com atenção.

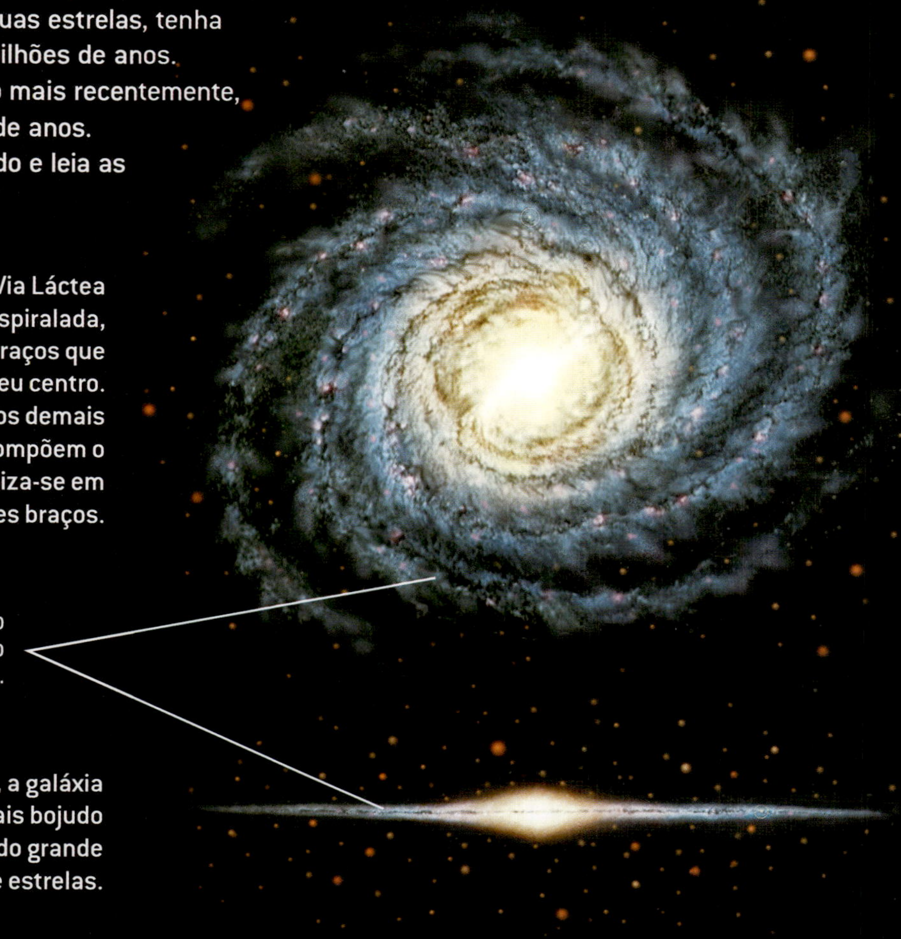

Vista de cima, a Via Láctea apresenta forma espiralada, com grandes braços que giram em torno de seu centro. O Sol, assim como os demais astros que compõem o Sistema Solar, localiza-se em um desses braços.

Vista de lado, a galáxia apresenta o centro mais bojudo e brilhante, reunindo grande quantidade de estrelas.

David A. Hardy/Futures: 50 years in space/SPL/Latinstock

Ilustração conforme: James F. Luhr (Ed.). *Earth*: the definitive visual guide. London: Dorling Kindersley, 2007. p. 44-5.

A idade da Terra

A Terra já apresentou os mais diferentes ambientes: foi quente demais para abrigar a vida ou teve grande parte de sua superfície coberta por extensa camada de gelo.

Essas transformações demoraram muito para acontecer. Por esse motivo, os seres humanos utilizam períodos de tempo com duração de milhares, milhões e até bilhões de anos para registrá-las. Conheça a seguir algumas etapas importantes da evolução de nosso planeta. Leia o esquema seguindo a numeração.

Mark Garlick/SPL/Latinstock

1 Quando se formou, há cerca de 4 bilhões e 600 milhões de anos, como estimam os cientistas, o planeta Terra era muito quente, semelhante a uma bola de fogo, e não abrigava forma de vida alguma.

Com o passar do tempo, o planeta foi se esfriando, e formou-se uma fina camada rochosa em sua superfície.

Henning Dalhoff/SPL/Latinstock

2 Durante esse esfriamento, desprendeu-se da Terra grande quantidade de gases e vapores de água. Os gases deram origem à atmosfera e os vapores de água transformaram-se em chuvas, que caíram sem parar durante muito tempo sobre o planeta.

Richard Bizley/SPL/Latinstock

3 Essas chuvas intensas formaram os primeiros oceanos da Terra. Nos oceanos, desenvolveram-se as primeiras formas de vida na Terra – bactérias e algas primitivas – há aproximadamente 3 bilhões e 500 milhões de anos.

Richard Bizley/SPL/Latinstock

4 Mais tarde, esses microrganismos deram origem a outros seres vivos. Há 400 milhões de anos, surgiram os primeiros animais invertebrados marinhos, como medusas, trilobitas, caracóis e estrelas-do-mar. As plantas marinhas, como as algas verdes, também se proliferaram.

Mais recentemente, entre cerca de 4 milhões e 1 milhão de anos atrás, surgiram, de acordo com vários indícios, os primeiros ancestrais do ser humano. Desde então, o clima do planeta conheceu vários períodos de muito frio, e muitas áreas ficaram cobertas de gelo. Há cerca de 11 mil anos, porém, as geleiras voltaram aos limites atuais nas zonas polares.

8

Walter Myers/SPL/Latinstock

Há 65 milhões de anos, a atmosfera terrestre passou a ganhar as características atuais. As grandes cadeias de montanhas, como os Alpes, os Andes e o Himalaia, começaram a se formar. Nesse período, aves e mamíferos espalharam-se em grande quantidade pelo planeta.

7

Mauricio Anton/SPL/Latinstock

Cerca de 200 milhões de anos atrás, grandes répteis chamados dinossauros espalharam-se pela Terra. Foi nesse período que surgiram os mamíferos e as primeiras plantas com flores. Os dinossauros desapareceram há cerca de 70 milhões de anos.

6

Christian Jegou Publiphoto Diffusion/SPL/Latinstock

5

Walter Myers/SPL/Latinstock

Aproximadamente na mesma época, algumas plantas marinhas se adaptaram fora da água e começaram a se desenvolver nos continentes, tornando-se as primeiras plantas terrestres.

Ilustrações conforme: Douglas Palmer. ***Evolução***. **São Paulo**: Larousse, 2009. p. 36;242.

A Terra conta sua história

No decorrer de sua história, a Terra passou por diversas transformações. Houve épocas em que sua superfície era extremamente quente, com muitas erupções vulcânicas, e outras em que os oceanos a cobriram quase totalmente.

No decorrer do tempo, várias espécies de seres vivos surgiram e se desenvolveram. Algumas viveram durante determinado período e depois desapareceram. Outras evoluíram e se adaptaram às mudanças que ocorreram e existem até hoje. Grande parte do passado de nosso planeta e da vida na Terra pode ser reconstruída pelo estudo e datação de minerais e de fósseis encontrados em camadas rochosas da litosfera.

Um dos métodos mais utilizados e seguros para datar um mineral ou um fóssil é o da radioatividade. Utilizando sofisticados aparelhos, os cientistas medem a quantidade de determinados elementos químicos radioativos, como o carbono-14, o urânio e o chumbo, presentes nos minerais e nos fósseis pesquisados. Assim, é possível saber há quanto tempo determinado mineral se formou e a idade do fóssil de um animal ou planta.

fóssil: vestígios e restos de animais e plantas que permaneceram conservados naturalmente durante milhões ou até bilhões de anos

radioatividade: é a propriedade que alguns elementos possuem de emitir espontaneamente partículas ou radiação elétrica e magnética

Os fósseis na natureza

Os fósseis e alguns vestígios que indicam o passado da Terra podem ser encontrados na natureza de diferentes maneiras. Conheça algumas delas a seguir.

Scientifica, Visuals Unlimited/Corbis/Latinstock

Forma original de um ser vivo preservada na rocha. O fóssil que pode ser observado na imagem ao lado foi encontrado nos Estados Unidos, em Utah, em 2013, é de um peixe que viveu na era Cenozoica, há cerca de 50 milhões de anos, e foi conservado em rocha calcária. Sua matéria foi decomposta, mas sua forma ficou preservada.

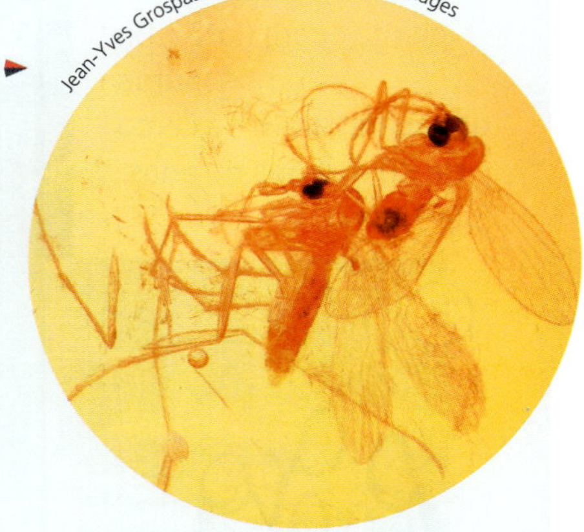

Jean-Yves Grospas/Biosphoto/AFP/Other Images

Fóssil de inseto preservado com a maior parte de suas características originais. Os fósseis conservados em âmbar são alguns dos poucos em que os tecidos moles do ser vivo ficam preservados, pois esse material, que é um tipo de resina, isola o organismo do contato com o exterior. O fóssil ao lado foi encontrado na Colômbia, em 2014, e data de 2 milhões de anos atrás.

Cory Richards/National Geographic Society/Corbis/Latinstock

Parte conservada de um ser vivo. Geralmente, são encontradas as partes mais duras, como dentes e ossos. Na imagem ao lado, de 2013, vemos ossos de um hadroussauro, espécie de dinossauro que viveu no período Triássico, há cerca de 70 milhões de anos.

A reconstituição de antigos ambientes terrestres

Os paleontólogos são cientistas que estudam os fósseis de animais e plantas a fim de descobrir como era a vida em nosso planeta em épocas remotas. O trabalho desses estudiosos é bastante minucioso e delicado, pois, em geral, os achados fósseis são frágeis e podem ser danificados com o manuseio. Para não danificá-los, os paleontólogos utilizam ferramentas apropriadas, como pequenas picaretas, pincéis, escovas e luvas de algodão.

Depois de encontrados, os fósseis são levados a um laboratório, para que sejam datados por outros especialistas, que, para isso, aplicam técnicas específicas, como a da radioatividade.

INAH/AFP Photo/Other Images

Na foto acima, de 2013, em Milpa Alta, no México, um grupo de paleontólogos e arqueólogos trabalha na escavação do fóssil de um mamute (*Mammuthus columbi*). Estima-se que o fóssil tenha entre 10 e 11 milhões de anos.

As paleopaisagens

Sabendo com precisão a idade dos fósseis, os paleontólogos conseguem reconstituir o passado da Terra desenhando com detalhes paisagens terrestres de milhões de anos atrás: são as chamadas paleopaisagens. Observe abaixo uma paleopaisagem representando um ambiente pantanoso que, provavelmente, tenha existido no período geológico denominado Carbonífero, há 300 milhões de anos.

Estúdio Amplarena

Ilustração produzida com base em: Douglas Palmer. *Evolução*. São Paulo: Larousse, 2009. p. 94.

1. No Carbonífero, as samambaias foram algumas das espécies de plantas mais abundantes.
2. Surgiram os primeiros insetos com asas, como a libélula-gigante.
3. Desenvolveram-se árvores primitivas como a sigiléria, com mais de 2 metros de altura.
4. Nesse período geológico, surgiram os primeiros insetos com pernas articuladas, como os escorpiões.
5. O *Eryops* foi um dos primeiros anfíbios a viver na Terra.
6. O *Cephalaspis* era um peixe sem mandíbulas.
7. Surgiram também os primeiros peixes com espinhas.

Atividades

Revisão

1. Como surgiram a Terra e os outros planetas do Sistema Solar? Há cerca de quanto tempo isso ocorreu?
2. A nebulosa de gases que formou o Sol era composta por elementos sólidos e gasosos. Quais eram esses elementos?
3. Existe uma importante característica que, na origem do Sistema Solar, acabou dividindo os planetas em dois grupos. Que característica é essa? Quais são os planetas que compõem cada grupo?
4. Como o Sol interfere nos demais corpos celestes a sua volta?
5. Com base no que você aprendeu neste capítulo sobre galáxias, responda:
   a) O que são galáxias?
   b) Como se chama a galáxia onde se localiza a Terra?
   c) Quando surgiu nossa galáxia?
6. Quem são os paleontólogos? E o que é uma paleopaisagem?

Análise de história em quadrinhos

Giro pela **Língua Portuguesa**

7. Leia uma história em quadrinhos do personagem Piteco, criado por Mauricio de Sousa.

Mauricio de Sousa. Piteco: Ufa!. *Cebolinha*. São Paulo: Globo, n. 58, out. 2011. p. 24-25. (Turma da Mônica).

Nas histórias em quadrinhos de Mauricio de Sousa, Piteco é um homem pré-histórico que vive em cavernas. Com base no estudo da idade da Terra feito nas páginas **70** e **71**, responda: é possível que seres humanos tenham convivido com dinossauros e estes com outras espécies de répteis e mamíferos, como na história acima? Explique.

Atividades de compreensão

8 Muitas pessoas dizem que, quando alguém vê uma "estrela cadente", deve fazer um pedido a ela. A "estrela cadente" é realmente uma estrela? Explique.

9 A *Voyager 1*, sonda espacial estadunidense, foi lançada da Terra em 1977 em direção ao planeta mais distante do Sol, no Sistema Solar. Atualmente, ela já se encontra fora dos limites desse Sistema. Pela órbita de quais planetas essa sonda espacial passou? Além de planetas, que outros astros ela pode ter encontrado no espaço do Sistema Solar?

10 No município de Ponta Grossa, região sudeste do estado do Paraná, foram encontrados fósseis de conchas, algas e pequenos animais marinhos. De acordo com os tipos de fóssil encontrados, a que conclusões se pode chegar sobre como era o ambiente, há milhões de anos, no local onde se localiza esse município atualmente? Justifique sua resposta.

GEOGRAFIA no Cinema

Jurassic Park

Filme de ficção científica que conta a história da recriação de dinossauros a partir de experiências genéticas.

Jurassic Park. Direção: Steven Spielberg. Universal Studios, 1993.

Jurassic Park: O Parque dos Dinossauros. Direção: Steven Spielberg. EUA: Universal Studios, 1993. Foto: Movie Collection Store/Easypix

Cena do filme *Jurassic Park*.

Além disso...

Os fósseis do senhor Asdrúbal

Márcia Prado Sartorellli, Sônia dos Santos Guerra, Teresa Silvestri Serrano. São Paulo: FTD, 2001.
Livro que conta a história de um grupo de jovens adolescentes descobrindo o fascinante mundo dos fósseis.

Dinossauros em ação

Rupert Matthews. São Paulo: Ciranda Cultural, 2008. Livro que apresenta o incrível mundo dos dinossauros.

Céu Noturno: uma introdução para crianças: a história das estrelas, dos planetas e das constelações e informações sobre como localizá-los no céu.
Michael Driscoll. São Paulo: Panda Books, 2009. Livro que explora os corpos celestes fazendo um passeio pela Astronomia.

Vale dos dinossauros <www.vale dosdinossauros.com.br>

Visite o *site* e conheça o Vale dos dinossauros, no estado da Paraíba.

A Terra: nosso planeta no Universo <http://atlasescolar.ibge.gov.br/a-terra/nosso-planeta-no-universo>

Visite o *site* e realize uma viagem virtual para conhecer o Universo, a Via Láctea e o Sistema Solar.

O mundo em leitura

Giro pela Ciências

Dinossauros... no Brasil? Sim! E por toda parte!

São muitos os vestígios de que esses famosos representantes do reino animal habitaram o território que atualmente forma o Brasil. Já foram encontrados fósseis de dinossauros em vários estados, como Rio Grande do Sul, São Paulo, Ceará e Maranhão.

No entanto, existe um local em que esses vestígios são inusitados... Na área rural do município de Sousa, no estado da Paraíba, pegadas de dinossauros estão fossilizadas no leito seco do rio do Peixe e em seus arredores. Essas pegadas, de acordo com pesquisadores, têm de 65 a 250 milhões de anos e formam um conjunto de trilhas bem preservadas na paisagem, indicando que esses animais caminharam por ali!

As primeiras trilhas foram encontradas por um agricultor, no final do século XIX. Pensando tratar-se do rastro de uma grande ave, o agricultor passou a chamar uma dessas trilhas de "rastro da ema". Na década de 1920, o engenheiro de minas Luciano Jacques de Morais, ao realizar trabalhos na região, soube das pegadas e resolveu pesquisá-las. Fotografou-as e enviou seu registro para cientistas na Europa, que confirmaram tratar-se de pegadas de dinossauros. Sua espetacular descoberta, no entanto, ficou esquecida até a década de 1970, quando esses vestígios passaram a ser estudados por paleontólogos do Brasil e do mundo.

Atualmente, a região abriga o Complexo Turístico Vale dos Dinossauros. Com 700 quilômetros quadrados (km^2) de extensão, o Vale é considerado um importante local de pesquisas paleontológicas e também um interessante roteiro turístico. Nele, os turistas podem caminhar em passarelas observando de perto as enormes pegadas e visitar o museu, onde estão expostas réplicas dos dinossauros que viveram na região.

Texto dos autores.

Fotomontagem de Eduardo Carriça formada pelas imagens de Fabio Colombini e CoreyFord/Thinkstock/Getty Images

Na fotografia abaixo, de 2012, vemos pegadas de dinossauros que viveram há milhões de anos onde hoje é o estado da Paraíba. As trilhas de pegadas preservam um dos mais importantes vestígios da presença dos dinossauros no Brasil.

Ler, pensar, compreender

1. Você já sabia que existiram dinossauros no Brasil? O que achou disso?
2. De acordo com o texto, em quais lugares do Brasil já foram encontrados fósseis de dinossauros?
3. Onde foram encontradas as pegadas fossilizadas de dinossauros?
4. De acordo com os cientistas, essas pegadas foram deixadas por dinossauros que viveram naquela região há quanto tempo?
5. Junte-se a alguns colegas e pesquisem em enciclopédias, livros e *sites* quais foram as espécies de dinossauros que habitaram o território brasileiro. Identifiquem os hábitos desses animais e o ambiente onde viviam. Exponham em um mural as paleopaisagens elaboradas pela turma.

CAPÍTULO

8 Os movimentos da Terra

Leia com atenção o texto a seguir.

R. Hatadani

Ah!, pequeno príncipe, assim eu comecei a compreender, pouco a pouco, os segredos da tua triste vidinha. Durante muito tempo não tiveste outra distração a não ser a doçura do pôr do sol. Aprendi esse novo detalhe quando me disseste, na manhã do quarto dia:

— Gosto muito de pôr do sol. Vamos ver um...

— Mas é preciso esperar...

— Esperar o quê?

— Esperar que o sol se ponha.

Tu fizeste um ar de surpresa e, logo depois, riste de ti mesmo. Disseste-me:

— Eu sempre imagino estar em casa!

De fato. Quando é meio-dia nos Estados Unidos, o sol, todo mundo sabe, está se pondo na França. Bastaria poder ir à França num minuto para assistir ao pôr do sol. Infelizmente, a França é longe demais. Mas no teu pequeno planeta, bastava apenas recuar um pouco a cadeira. E, assim, contemplavas o crepúsculo todas as vezes que desejavas...

[...]

Antoine de Saint-Exupéry. *O pequeno príncipe*. Rio de Janeiro: Agir, 2006. p. 26-27.

?

O pôr do sol, citado no texto acima, ocorre devido a um movimento que a Terra realiza. Que movimento é esse? Que outros movimentos a Terra realiza? Conte aos colegas o que você sabe a esse respeito.

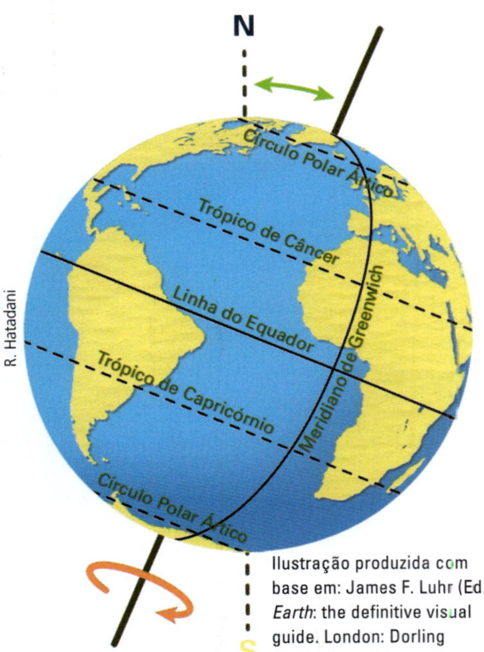

R. Hatadani

Ilustração produzida com base em: James F. Luhr (Ed.). *Earth*: the definitive visual guide. London: Dorling Kindersley, 2007. p. 48.

O eixo de rotação da Terra é uma linha imaginária que vai de um polo terrestre ao outro, passando pelo centro do planeta. Esse eixo foi estabelecido pelos cientistas para melhor compreensão dos movimentos que a Terra realiza. O eixo de rotação da Terra é levemente inclinado.

O movimento de rotação

A Terra gira em torno de si mesma, isto é, ao redor de seu eixo de rotação imaginário, assim como fazem os demais planetas e os satélites naturais do Sistema Solar. Esse movimento do nosso planeta, denominado **movimento de rotação** terrestre, realiza-se no sentido oeste-leste e tem duração de 24 horas, período de tempo correspondente a um dia.

O movimento de rotação da Terra determina a sucessão dos dias e das noites, regulando a vida dos seres vivos e o ritmo de muitas de nossas atividades.

Caso a Terra não realizasse o movimento de rotação e permanecesse parada no espaço, a face voltada para o Sol provavelmente seria sempre quente, com altíssimas temperaturas. Nessa mesma situação, a face oposta ao Sol seria sempre fria, com temperaturas extremamente baixas. A exuberante variedade de formas de vida que existe no planeta não seria possível em nenhuma dessas condições.

O movimento aparente dos astros em relação à Terra

Quando observamos o nascer e o pôr do sol, temos a impressão de que a Terra está parada e o Sol se desloca pelo céu. Mas é realmente o Sol que se movimenta? Você já teve a oportunidade de observar o movimento das estrelas ou mesmo o movimento da Lua no céu à noite?

Ao observar o céu durante certo período de tempo, temos a impressão de que são os astros, como o Sol, que se movem ao redor da Terra. Esse movimento é chamado de **movimento aparente dos astros**. Na realidade, essa impressão se deve ao movimento de rotação de nosso planeta (representado no esquema abaixo pela seta amarela). O giro da Terra em torno de seu eixo no sentido oeste-leste proporciona uma visão dos astros no céu movendo-se de leste para oeste (representado no esquema abaixo pela seta azul). O movimento aparente que podemos perceber com mais destaque em nosso dia a dia é o do Sol, do nascente ao poente.

Movimento aparente do Sol

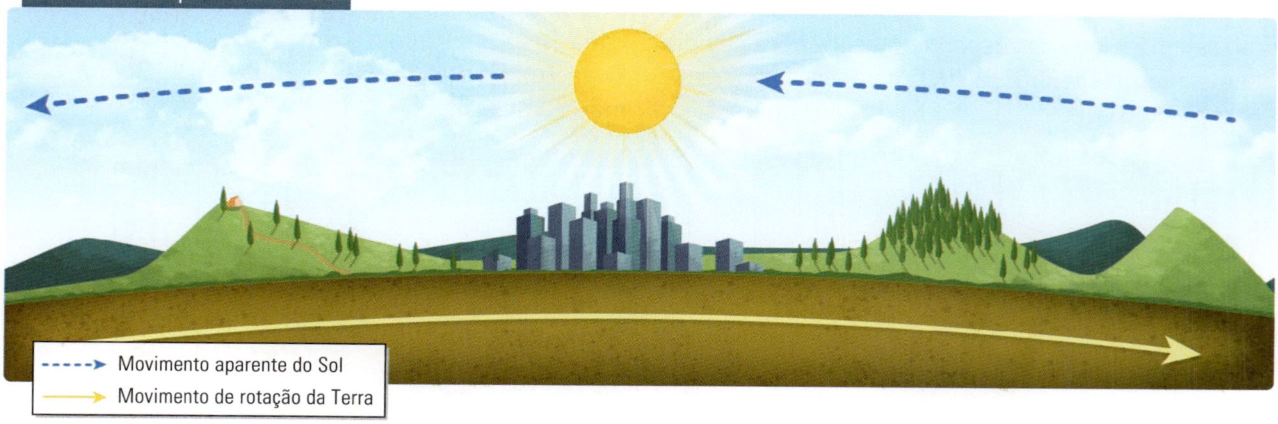

Somma Studio

Lua, o satélite da Terra

As imagens desta página estão fora de proporção.

A **Lua** é o satélite natural da Terra e o astro que está mais próximo de nosso planeta. Podemos visualizá-la de noite e às vezes também de dia, porque ela reflete a luz do Sol, permitindo, assim como os demais astros, que acompanhemos seu movimento aparente no céu. Contudo, o verdadeiro movimento que esse satélite natural realiza ao redor de nosso planeta denomina-se movimento de revolução e dura cerca de 28 dias. É nesse período que ocorrem as quatro fases da Lua: nova, crescente, cheia e minguante. Acompanhe, na ilustração ao lado, as mudanças de posição da Lua em sua trajetória em torno da Terra, dando origem a cada uma das fases.

Ilustração conforme: Departamento de Astronomia da Universidade Federal do Rio Grande do Sul. Disponível em: <http://astro.if.ufrgs.br/lua/lua.htm>. Acesso em: 30 mar. 2015.

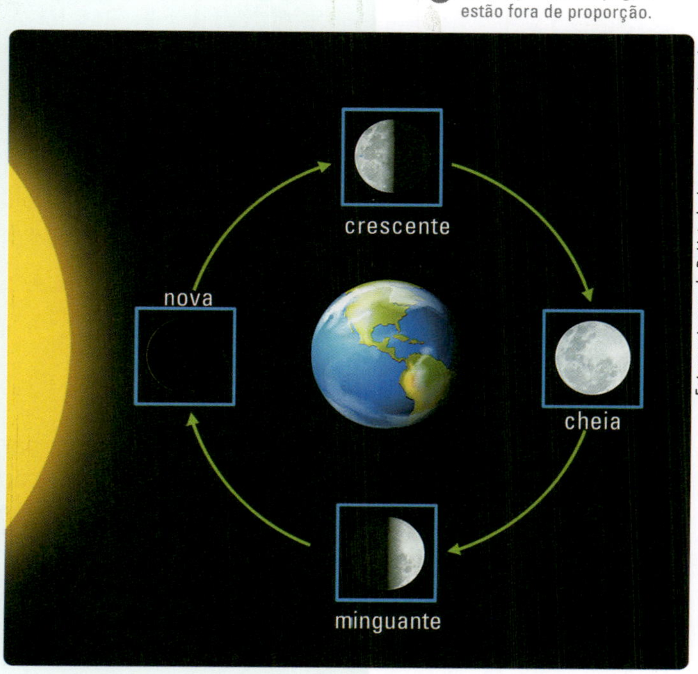

Fotomontagem de R. Hatadani com a composição de blueringmedia/Thinkstock/Getty Images

Rotação e fusos horários

Por causa do movimento de rotação da Terra, as áreas da superfície do planeta que, em determinado momento, estão iluminadas pelo Sol deixam aos poucos de receber a luz solar, e então anoitece nessas regiões. Ao mesmo tempo, as áreas não iluminadas passam a receber os raios solares, tornando-se dia nessas áreas do planeta.

Com base no movimento de rotação da Terra, que origina a sucessão de dias e noites, o ser humano estabeleceu horários para todo o planeta. Foi criado, então, um sistema para regulamentar as horas de cada parte da Terra: o sistema de fusos horários.

Cada **fuso horário** é uma faixa imaginária na superfície terrestre que se estende de um polo a outro e está localizada entre dois meridianos. Todos os lugares que se encontram no interior dessas faixas apresentam a mesma hora. Para não causar transtorno às pessoas, os limites dos fusos horários estão ajustados, em grande parte, aos limites políticos dos países.

Fusos horários

O sistema de fusos horários divide a Terra em 24 faixas iguais, que correspondem às 24 horas do dia. Como a Terra tem 360° de circunferência, esse número é dividido pelo total de horas do dia, isto é, 24.

Essa divisão resulta em 15° de longitude para cada fuso, contados a partir de um fuso inicial. Cada fuso corresponde a uma hora. Observe o mapa a seguir.

Fusos horários da Terra

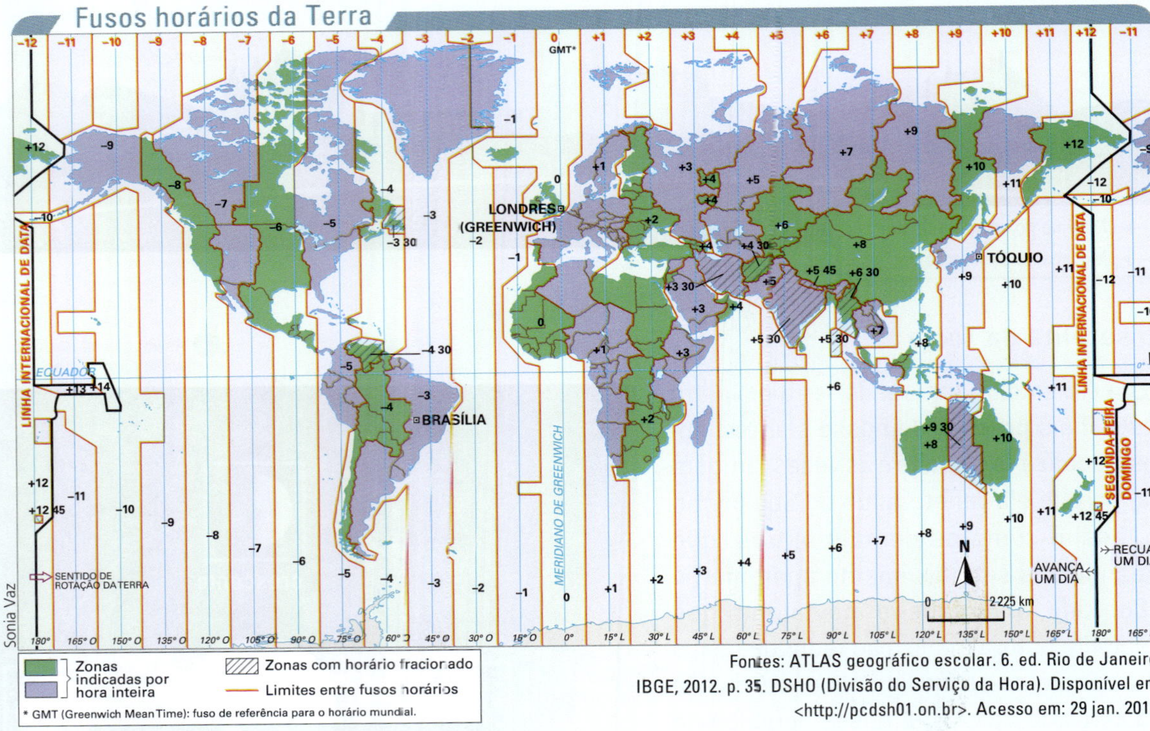

Fontes: ATLAS geográfico escolar. 6. ed. Rio de Janeiro: IBGE, 2012. p. 35. DSHO (Divisão do Serviço da Hora). Disponível em: <http://pcdsh01.on.br>. Acesso em: 29 jan. 2015.

O fuso inicial escolhido para a contagem das horas é aquele por onde passa o meridiano de Greenwich. Como a Terra gira de oeste para leste, a cada fuso localizado na direção oeste, a partir do fuso de Greenwich, atrasa-se uma hora em relação a esse fuso. Por exemplo, quando são 8 horas da manhã em Londres, cidade localizada no fuso inicial, em Brasília são 5 horas da madrugada, pois essa cidade está três fusos a oeste de Londres.

Já a cada fuso localizado na direção leste, a partir de Greenwich, adianta-se uma hora em relação ao fuso desse meridiano. Por exemplo, quando são 8 horas da manhã em Londres, em Tóquio, que está nove fusos a leste de Londres, são 5 horas da tarde (17 horas). Em toda a extensão norte-sul de um fuso não há diferenças de horário, mesmo que a distância entre um lugar e outro seja de milhares de quilômetros.

Os fusos horários do Brasil

Os países com grande extensão territorial apresentam mais de um fuso horário. No Brasil, por exemplo, cujo território tem 4.319 km de extensão de leste a oeste, há quatro fusos horários. Três deles estão na parte continental do país e um está na porção das ilhas oceânicas.

Por estarem localizados totalmente no Hemisfério Ocidental, isto é, a oeste do meridiano de Greenwich, todos os fusos horários do Brasil estão atrasados em relação à hora desse meridiano.

Fusos horários do Brasil

Fonte: DSHO (Divisão do Serviço da Hora). Disponível em: <http://pcdsh01.on.br>. Acesso em: 29 jan. 2015.

Horas em relação a Greenwich	Abrangência dos fusos	Horas em relação a Brasília
– 2 horas	Compreende as ilhas de Fernando de Noronha, Trindade, Martin Vaz, Penedos de São Pedro e São Paulo e o Atol das Rocas.	+ 1 hora
– 3 horas	Abrange todos os estados da Região Nordeste, Sudeste e Sul, além do Distrito Federal, Goiás, Tocantins, Amapá e Pará.	horário oficial brasileiro
– 4 horas	Compreende os estados de Roraima, Amazonas, Acre, Rondônia, Mato Grosso e Mato Grosso do Sul.	– 1 hora
– 5 horas	Abrange a porção mais ocidental ou oeste do estado do Amazonas e todo o estado do Acre.	– 2 horas

Após ter observado o mapa e o quadro acima, responda:

1. Qual é a diferença de horário entre o estado onde você mora e Greenwich?
2. Qual é a diferença entre o horário de seu estado e o horário oficial brasileiro?

No momento em que o relógio marca 6 horas da manhã em Brasília (DF) – horário oficial brasileiro –, são 6 horas da manhã também nas cidades localizadas no mesmo fuso, como Porto Alegre (RS), São Paulo (SP), Salvador (BA) e Belém (PA).

No mesmo momento, nas cidades localizadas um fuso a oeste de Brasília, como Campo Grande (MS), Porto Velho (RO) e Manaus (AM), são 5 horas da madrugada. Já no mesmo instante, na cidade de Rio Branco (AC), localizada dois fusos a oeste de Brasília, são 4 horas da madrugada.

Fábio R. Martins/Atual

Na cidade de São Paulo (acima) são 6 horas da manhã e as pessoas começam um novo dia. No mesmo instante, em Rio Branco, no Acre (abaixo), são 4 horas da madrugada e parte das pessoas ainda está dormindo.

Edson Caetano/ASC Imagens

O movimento de translação

A Terra desloca-se ao redor do Sol a uma velocidade aproximada de 108 mil km por hora (o equivalente a 30 km por segundo). O deslocamento da Terra em torno dessa estrela denomina-se **movimento de translação**. Os astrônomos calcularam que, para completar uma volta ao redor do Sol, a Terra leva cerca de 365 dias e seis horas. Esse período de tempo foi denominado ano.

Com base nessa medida de tempo, o ser humano elaborou um calendário, usado como referência para várias atividades. No calendário que utilizamos, o ano é composto de 365 dias. As seis horas restantes se acumulam e, a cada quatro anos, somam 24 horas, ou seja, um dia. Esse dia é acrescentado ao mês de fevereiro, de quatro em quatro anos. O ano com 366 dias é chamado bissexto.

A imagem desta página está fora de proporção.

Movimento de translação

Renan Fonseca

Ilustração produzida com base em: James F. Luhr (Ed.). *Earth*: the definitive visual guide. London: Dorling Kindersley, 2007. p. 48.

As estações do ano

As diferentes posições da Terra em relação ao Sol, ao longo de seu movimento de translação, dão origem às **estações do ano**: primavera, verão, outono e inverno. As estações do ano apresentam características climáticas diversas e, em algumas regiões do planeta, cada uma dura aproximadamente três meses.

Em razão da inclinação do eixo de rotação do globo terrestre, o Hemisfério Norte e o Hemisfério Sul recebem quantidades diferentes de luz e calor do Sol durante os meses do ano. É por isso que as estações do ano ocorrem de maneira invertida nesses dois hemisférios terrestres. Por exemplo, quando é verão no Hemisfério Sul, é inverno no Hemisfério Norte e, quando é outono no Hemisfério Norte, é primavera no Hemisfério Sul. Observe como isso ocorre no esquema das páginas **84** e **85**.

Veja, na página seguinte, as principais características das estações do ano nos diferentes climas terrestres.

Clima temperado

Nas regiões de clima temperado, é possível perceber facilmente a diferença entre as estações. Nelas, as temperaturas em geral são baixas durante o inverno, com neve abundante em grandes áreas.

Já no outono e na primavera, as temperaturas são, em geral, amenas e agradáveis, nem muito quentes, nem muito frias. No verão, as temperaturas são mais altas. Observe as fotografias de uma paisagem da França, em 2012.

Fotos: Guy Christian/hemis.fr/Alamy/Latinstock

Clima tropical

Na região de clima tropical, onde se localiza a maior parte do território brasileiro, as temperaturas são elevadas praticamente o ano todo; por isso, as diferenças entre as estações do ano são mais difíceis de serem percebidas. As variações mais marcantes estão no volume de chuvas, com uma estação mais seca e outra mais chuvosa. As elevadas temperaturas possibilitam, por exemplo, o desenvolvimento de atividades de turismo e lazer. Na fotografia ao lado, vemos a praia de Copacabana, no estado do Rio de Janeiro, em 2014.

Rogério Reis/Pulsar Imagens

Clima frio

Nas regiões de clima frio, as estações do ano não são tão distintas quanto nas regiões de clima temperado, pois as temperaturas são sempre baixas, permanecendo normalmente abaixo de 0 °C. No verão, raramente ultrapassam os 10 °C. Contudo, as pequenas variações térmicas que ocorrem são muito importantes para o desenvolvimento das atividades econômicas e para o dia a dia dos habitantes dessas regiões. Ao lado, vista da cidade de Ilulissat, na Groenlândia, em 2014.

Utterstrom Photography/Alamy/Latinstock

Os solstícios e os equinócios

Os solstícios e os equinócios são as datas que marcam o início das estações do ano. Essas datas são estabelecidas de acordo com a incidência dos raios solares sobre o globo terrestre.

Os **solstícios** ocorrem quando os raios solares incidem com intensidade máxima sobre um dos hemisférios e com intensidade mínima sobre o outro. Dependendo do ano, eles ocorrem nos dias 20 ou 21 de junho e nos dias 21 ou 22 de dezembro, e assinalam a chegada do verão e do inverno.

Translação, solstícios e equinócios

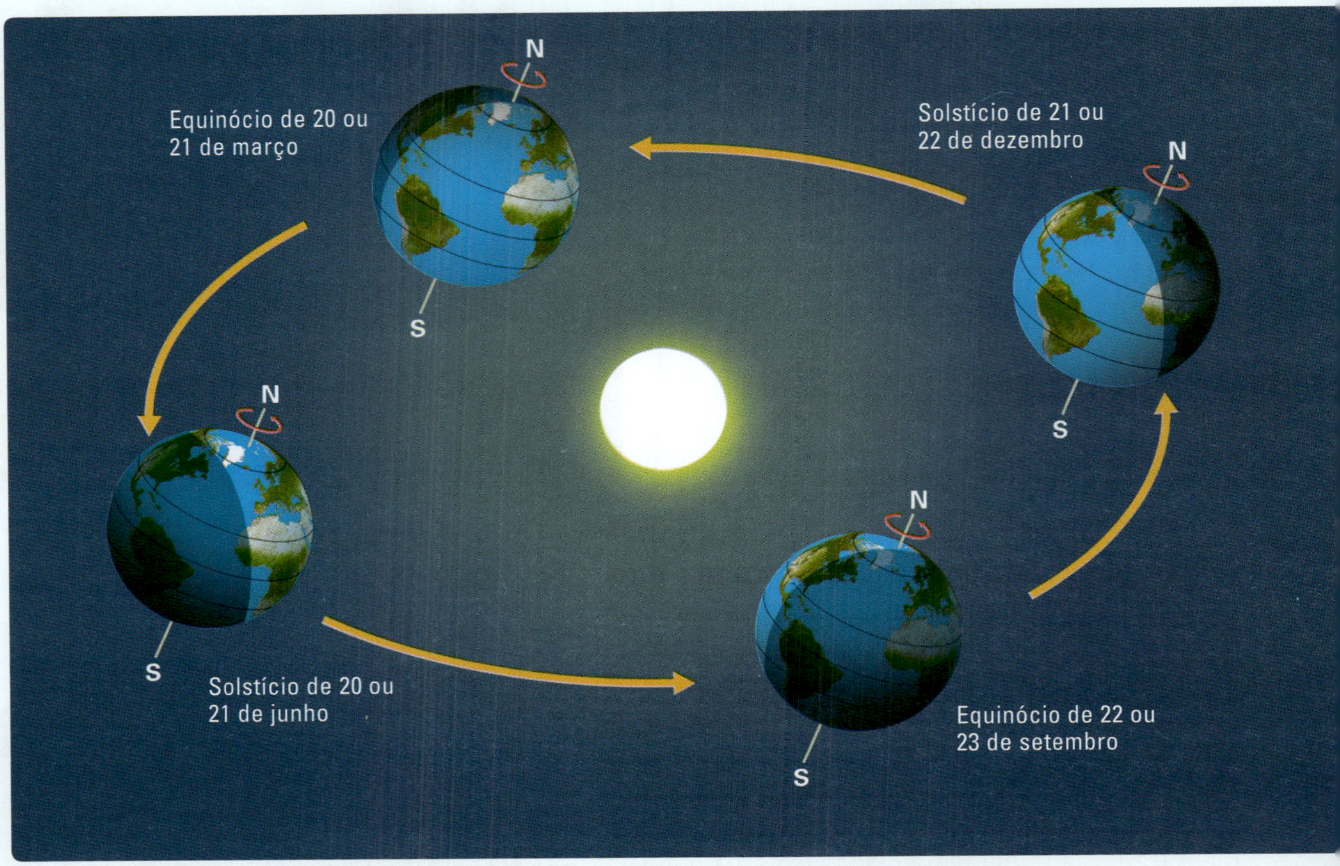

Ilustração produzida com base em: James F. Luhr (Ed.). *Earth*: the definitive visual guide. London: Dorling Kindersley, 2007. p. 48.

Na ilustração acima, a Terra e o Sol não apresentam as distâncias e as dimensões proporcionais.

Qual é a estação do ano, neste momento, no Hemisfério Sul? E no Hemisfério Norte?

O Sol da meia-noite

Nas regiões de clima frio, com latitudes acima dos círculos polares, o inverno é rigoroso e escuro, com pouquíssimas horas de luz durante o dia. Já no verão, bastante curto, o Sol brilha durante o dia inteiro, o que dá origem ao fenômeno chamado "Sol da meia-noite". Ou seja, o Sol não chega a se pôr atrás da linha do horizonte, como podemos ver na fotomontagem da página a seguir, registrada na Islândia em 2003.

Os **equinócios** acontecem quando os raios solares incidem mais diretamente sobre a linha do Equador, o que leva os hemisférios Norte e Sul a receberem a mesma quantidade de luz e calor. Isso acontece nos dias 20 ou 21 de março e nos dias 22 ou 23 de setembro, datas em que o dia e a noite têm exatamente a mesma duração: 12 horas. Os equinócios indicam o início da primavera e do outono.

Equinócio de 20 ou 21 de março

Nessa data, o dia e a noite apresentam a mesma duração em ambos os hemisférios. É o início da primavera no Hemisfério Norte. A partir dessa data, os dias tornam-se mais longos do que as noites nesse hemisfério.

Já no Hemisfério Sul, é o início do outono. A partir dessa data, os dias ficam mais curtos do que as noites nesse hemisfério.

Solstício de 20 ou 21 de junho

É o início do verão no Hemisfério Norte. Os raios solares incidem diretamente sobre o trópico de Câncer. É o dia mais longo e a noite mais curta do ano nesse hemisfério.

No Hemisfério Sul, é o início do inverno. Os raios solares atingem com menos intensidade o trópico de Capricórnio. É o dia mais curto e a noite mais longa do ano nesse hemisfério.

Equinócio de 22 ou 23 de setembro

Nessa data, o dia e a noite apresentam a mesma duração em ambos os hemisférios. É o início do outono no Hemisfério Norte. A partir dessa data, os dias tornam-se mais curtos do que as noites nesse hemisfério.

É o início da primavera no Hemisfério Sul. A partir dessa data, os dias ficam mais longos do que as noites nesse hemisfério.

Solstício de 21 ou 22 de dezembro

É o início do inverno no Hemisfério Norte. Os raios do Sol atingem com menos intensidade o trópico de Câncer. É o dia mais curto e a noite mais longa do ano nesse hemisfério.

No Hemisfério Sul, é o início do verão. Os raios do Sol incidem diretamente sobre o trópico de Capricórnio. É o dia mais longo e a noite mais curta do ano nesse hemisfério.

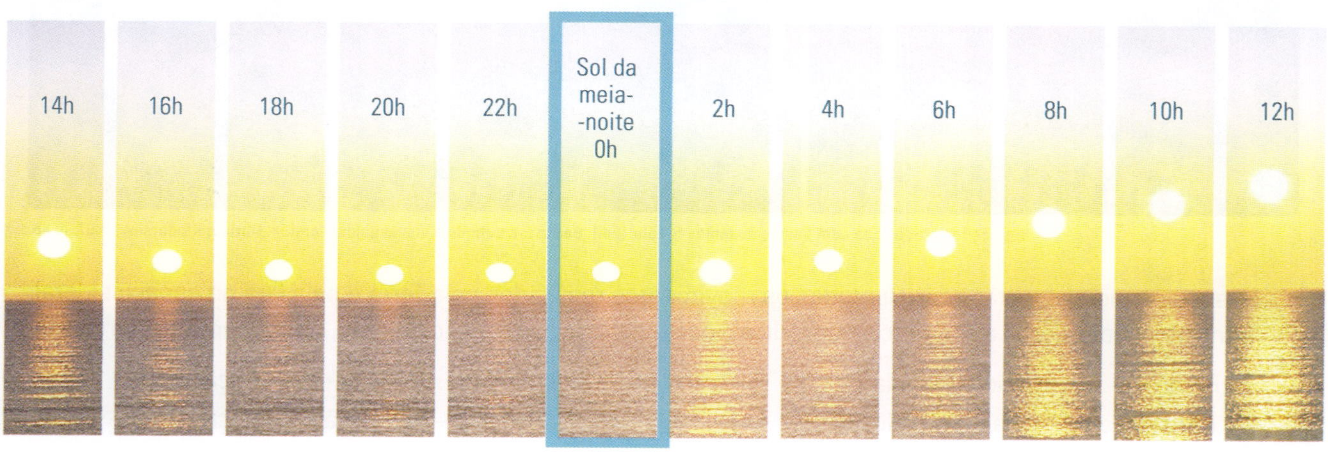

Paul A. Souders/Corbis/Latinstock

Atividades

Revisão

1. Sobre os movimentos que a Terra realiza no espaço sideral, responda:
   a) Qual deles é realizado no período de um dia ou, aproximadamente, 24 horas?
   b) Qual deles é realizado no período de um ano ou cerca de 365 dias e seis horas?
   c) Qual deles exerce influência na sucessão das estações do ano? Por que isso ocorre?
   d) Qual deles dá origem ao movimento aparente do Sol no céu? Por que isso ocorre?

2. "A sucessão dos dias e das noites regula a vida de animais e vegetais em nosso planeta." Explique o movimento da Terra que é responsável por esse acontecimento.

3. O que é ano bissexto? Quando e por que ele acontece?

4. O que é fuso horário? Quantos fusos horários há no Brasil?

5. Qual é o fuso horário inicial para a contagem das horas?

6. É comum os países de grande extensão territorial adotarem mais de um fuso horário. Observe o mapa da página **80** e identifique alguns desses países.

7. Nas regiões de clima temperado, cada estação do ano (primavera, verão, outono e inverno) apresenta características marcantes. Descreva as principais características de cada estação do ano nessas regiões.

8. Nas regiões de clima tropical e nas de clima frio, a transição entre uma estação do ano e outra é mais fácil ou mais difícil de ser percebida? Por que isso ocorre?

9. Qual é a relação entre o eixo de rotação da Terra levemente inclinado e a ocorrência dos solstícios e equinócios?

10. Sobre o lugar onde você vive, responda:
    a) Quais são as características de cada estação do ano?
    b) Ocorrem mudanças na vegetação entre essas estações? Que mudanças?

Análise de esquemas

11. Veja os esquemas ilustrativos abaixo.

As imagens desta página estão fora de proporção.

R. Hatadani

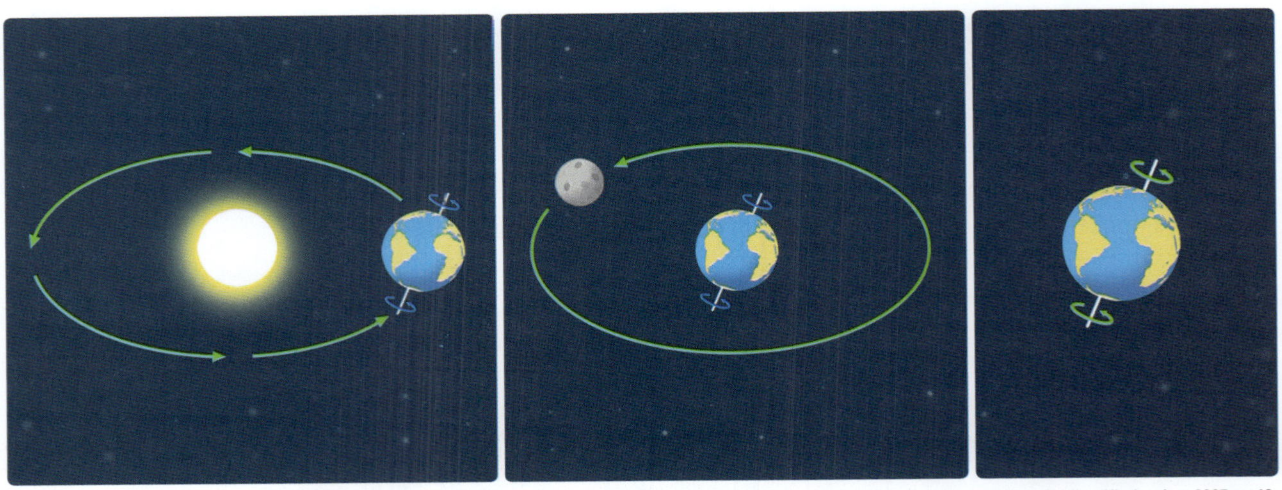

Ilustrações produzidas com base em: James F. Luhr (Ed.). *Earth*: the definitive visual guide. London: Dorling Kindersley, 2007. p. 48.

Nesses esquemas, estão representados os movimentos realizados pela Terra e pela Lua no espaço sideral. Transcreva no caderno a sequência que indica o nome correto de cada movimento, da esquerda para a direita:

a) Rotação – Revolução – Translação
b) Translação – Rotação – Revolução
c) Revolução – Rotação – Translação
d) Translação – Revolução – Rotação

Atividades de compreensão

12 A Lua, muitas vezes, mostra-se tão clara que chega a iluminar várias partes da Terra. Entretanto, se alguém lhe dissesse que a Lua é uma estrela, você concordaria? Justifique sua resposta.

13 Enquanto no Brasil são 11 horas (dia), no Japão são 23 horas (noite). Que movimento da Terra é responsável por essa diferença? Que sistema foi criado para regulamentá-la?

14 Um programa de televisão é transmitido ao vivo, às 20 horas, para todo o Brasil, de um estúdio na cidade de São Paulo. Que horas são nas residências de espectadores que estão assistindo a esse programa em: Porto Velho (RO), Rio Branco (AC), Florianópolis (SC), Palmas (TO) e Fernando de Noronha (que faz parte do estado de Pernambuco)?

Análise de texto e dramatização

Giro pela Arte

15 Leia com atenção o texto que segue.

O carnaval é considerado o maior espetáculo da Terra. Em particular, o desfile das escolas de samba nas grandes capitais como Rio de Janeiro e São Paulo atrai a presença de milhares de pessoas e de milhões de espectadores pela TV, em um *show* de cores e sons, música e harmonia, movimentos cadenciados por ritmos que exaltam uma parte da alma do brasileiro. Enfim, o carnaval é uma festa de alegria. [...]

A Lua e a Terra realizam movimentos que lembram a dança do mestre-sala e da porta-bandeira. O movimento de revolução da Lua ao redor da Terra, que tem duração de 29 dias e meio, é responsável pelas fases da Lua. A presença do Sol, nesse caso como espectador da evolução desse par, também é fundamental.

Quando o Sol, a Lua e a Terra estão praticamente alinhados, a região não iluminada da superfície lunar é que fica voltada em direção à Terra, o que caracteriza a fase da Lua nova. Continuando a sua dança, o mestre-sala – a Lua –, após aproximadamente sete dias, atinge uma posição em que a metade de sua superfície iluminada pode ser vista pela porta-bandeira – a Terra –, ocorrendo a fase de quarto crescente, na qual apenas um quarto da face da Lua pode ser avistado da Terra.

Após mais sete ou oito dias a Lua fica em uma posição na qual mostra toda a sua face iluminada para nós: é a fase de lua cheia. Continuando seu trajeto, a Lua começa novamente a se esconder e, após sete dias, novamente vemos apenas um quarto. Estamos então na fase de quarto minguante. Finalizando sua evolução, o mestre-sala volta à posição inicial e esconde novamente sua face para a porta-bandeira, completando seu ciclo. [...]

Adilson de Oliveira. O samba Terra-Lua. *Ciência Hoje*. Rio de Janeiro, 15 dez. 2009. Disponível em: <http://cienciahoje.uol.com.br>. Acesso em: 4 fev. 2015.

a) De acordo com o texto, os movimentos que a Lua e a Terra realizam no céu lembram que componentes das escolas de samba?

b) Ainda com base no texto, quantos dias a Lua leva para dar uma volta completa em torno da Terra? Quais são as fases pelas quais passa?

Ismar Ingber/Pulsar Imagens

Porta-bandeira e mestre-sala em apresentação na cidade do Rio de Janeiro, capital do estado, em 2008.

CAPÍTULO 9

Orientação e localização na Terra

Em geral, conhecemos bem o lugar onde moramos. Sabemos como chegar à escola, à casa de um vizinho ou de um amigo. Ou seja, sabemos que direção tomar para ir a esses locais e como voltar para casa. Mas o que aconteceria se estivéssemos em uma cidade desconhecida? Ou em um deserto? Ou num barco em alto-mar? Como poderíamos nos localizar?

Orientação pelos astros

A observação dos astros é um meio de orientação muito utilizado através dos tempos. No passado, viajantes de todas as partes da Terra baseavam-se na observação do Sol e das estrelas para chegar ao seu destino. Embora menos precisa do que a orientação por instrumentos, a orientação por meio da observação dos astros pode ser muito útil em algumas situações.

Ainda hoje, por exemplo, tripulantes de embarcações de pesca desprovidas de instrumentos de localização, como a bússola, precisam se orientar observando a posição do Sol e das estrelas.

Nas grandes cidades, é comum alguns bairros serem identificados pela localização em que se encontram em relação à área central, como bairros da zona norte ou da zona sul. Normalmente, as pessoas não se encontram munidas de bússola ou mapa no dia a dia. Mas sabendo que o Sol surge a leste e se põe a oeste, elas podem localizar os demais pontos cardeais. Nesse caso, a orientação pelos astros pode ser útil a quem não conhece muito bem uma cidade e quer se direcionar a um bairro localizado, por exemplo, na zona norte. Veja o exemplo abaixo.

Na ilustração ao lado, está representada uma cidade onde o Sol acaba de surgir no horizonte, dando início a um novo dia. Observando essa ilustração, localize os pontos cardeais tendo como base a posição do Sol. Depois, responda às perguntas a seguir no caderno, levando em conta a direção dos pontos cardeais.

1. Em que direção segue o avião que está em pleno ar?
2. O caminhão segue em que direção?
3. Quem está no hospital e quer chegar à escola, deverá seguir em que direção?

Somma Studio

No Brasil, vários povos indígenas utilizam a posição dos astros no céu para se orientar e se localizar dentro de seu território. Esse é o caso dos desana, no estado do Amazonas, e dos guarani, no estado de Mato Grosso do Sul. Além da posição do Sol e da Lua, muitos pajés ensinam a comunidade a observar as constelações (grupos de estrelas), para que possam reconhecer as direções a serem seguidas, ou mesmo a estação do ano do momento (época da seca, época das chuvas etc.).

pajé: chefe espiritual das aldeias indígenas

Fotomontagem de R. Hatadani com a composição de Heeb Christian/Age Fotostock/Keystone

Ao lado, representação da constelação da Ema.

Orientação por instrumentos

Vivência e cultura

Com o objetivo de tornar a orientação no espaço mais precisa, diversos instrumentos foram inventados.

O instrumento de orientação mais comum é a bússola. É constituído de uma agulha imantada que gira sobre uma rosa dos ventos, indicando sempre a direção norte. A bússola está presente em aviões e navios, auxiliando a tripulação a manter corretamente o trajeto da viagem. Além disso, muitas pessoas se orientam por esse instrumento para não se perder, por exemplo, ao explorar cavernas, florestas, desertos ou o fundo do mar.

imantada: que possui a propriedade do ímã de atrair o ferro

Observe ao lado a representação de uma bússola. Você sabe como se orientar utilizando esse instrumento? Explique para os colegas os procedimentos a serem seguidos.

janceluch/Thinkstock/Getty Images

Entretanto, existem aparelhos de orientação bem mais precisos do que a bússola, que funcionam por meio de sinais de radar ou satélite. Entre eles, está o GPS – sigla que, em português, significa Sistema de Posicionamento Global. Esse aparelho é dotado de um receptor que capta sinais de pelo menos três satélites para definir sua posição. Os sinais informam a localização e a altitude de qualquer ponto na superfície terrestre.

Ian Shaw/Alamy/Latinstock

O GPS tem sido muito útil para o mapeamento de regiões de difícil acesso, como os desertos, as zonas polares ou as florestas tropicais. Ele auxilia na orientação de aviões e embarcações que trafegam, muitas vezes, com pouca visibilidade em razão de nevoeiros, evitando, assim, a ocorrência de acidentes. Também está presente em automóveis, orientando motoristas e passageiros, como na foto ao lado.

Como se localizar na superfície terrestre

Como determinar a localização exata de um lugar na vastidão do nosso planeta? A superfície da Terra mede aproximadamente 510 milhões de quilômetros quadrados, o que corresponde a cerca de 60 vezes o tamanho do Brasil.

Para localizar com exatidão continentes, países, cidades, ilhas ou qualquer outro ponto sobre a face da Terra, estudiosos e cartógrafos criaram os paralelos e as latitudes, e também os meridianos e as longitudes terrestres.

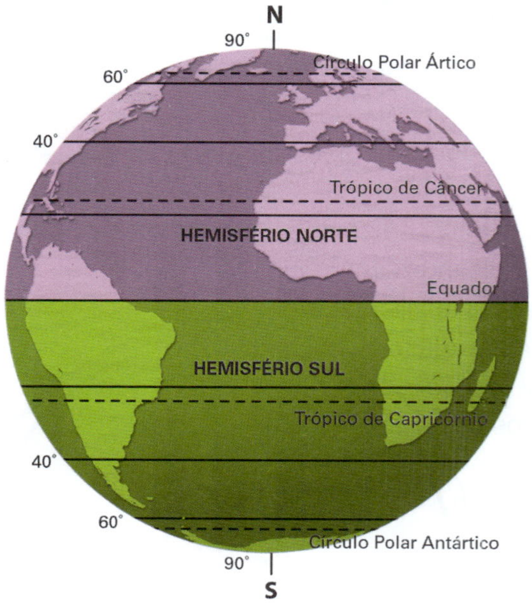

As circunferências imaginárias que indicam as latitudes são todas paralelas ao plano da linha do Equador.

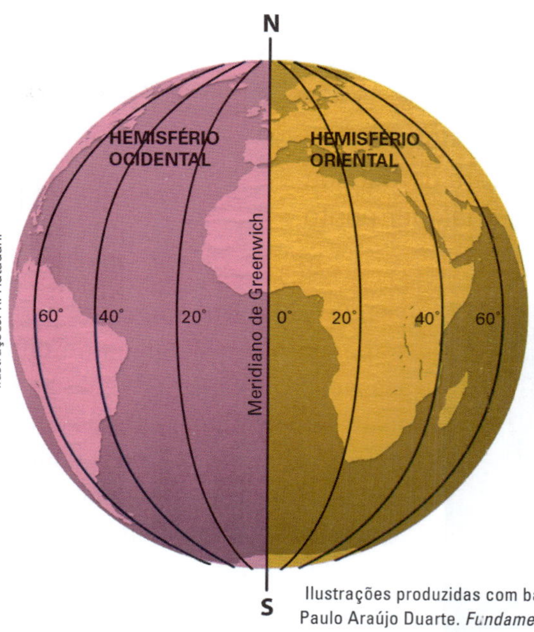

Ilustrações: R. Hatadani

Ilustrações produzidas com base em: Paulo Araújo Duarte. *Fundamentos de Cartografia*. 2. ed. Florianópolis: UFSC, 2002. p. 48-53.

Os meridianos, que se estendem de um polo a outro, indicam as longitudes.

Paralelos e latitudes

Os **paralelos** são circunferências imaginárias dispostas paralelamente em torno do planeta, circundando-o no sentido leste-oeste. A linha do Equador envolve a Terra em sua porção mais larga, dividindo o planeta em dois hemisférios: o Norte e o Sul. Existem outros quatro paralelos importantes: o trópico de Câncer, o trópico de Capricórnio, o círculo polar Ártico e o círculo polar Antártico.

Todos os pontos situados num mesmo paralelo apresentam a mesma latitude.

Latitude é a distância medida em graus a partir de qualquer ponto da superfície terrestre até a linha do Equador. As latitudes variam de 0°, na linha do Equador, até 90° norte e 90° sul, nos polos.

Meridianos e longitudes

Os **meridianos** são linhas imaginárias que se estendem de um polo ao outro, dividindo a Terra como se ela fosse uma laranja com gomos.

O único meridiano que recebe nome especial é o de Greenwich, em referência à cidade de mesmo nome, na Inglaterra. Também é chamado de meridiano inicial ou de referência, pois é usado como referência para dividir a Terra no Hemisfério Oriental e no Ocidental. Cada meridiano corresponde a um antimeridiano, no lado oposto da esfera terrestre.

Todos os pontos situados num mesmo meridiano apresentam a mesma longitude.

Longitude é a distância medida em graus a partir de qualquer ponto da superfície terrestre até o meridiano de Greenwich. As longitudes variam de 0°, no meridiano de Greenwich, até 180° leste e 180° oeste.

Coordenadas geográficas

Giro pela Matemática

Conhecendo a latitude e a longitude de um lugar é possível determinar as suas coordenadas geográficas, isto é, a sua exata localização na imensidão da superfície da Terra. Coordenadas geográficas são, portanto, as medidas em graus de cada ponto da superfície terrestre, indicadas pela latitude e pela longitude do lugar. É com base nas coordenadas geográficas que o aparelho GPS, por exemplo, determina a localização de quem o está utilizando.

Localização de algumas cidades do mundo

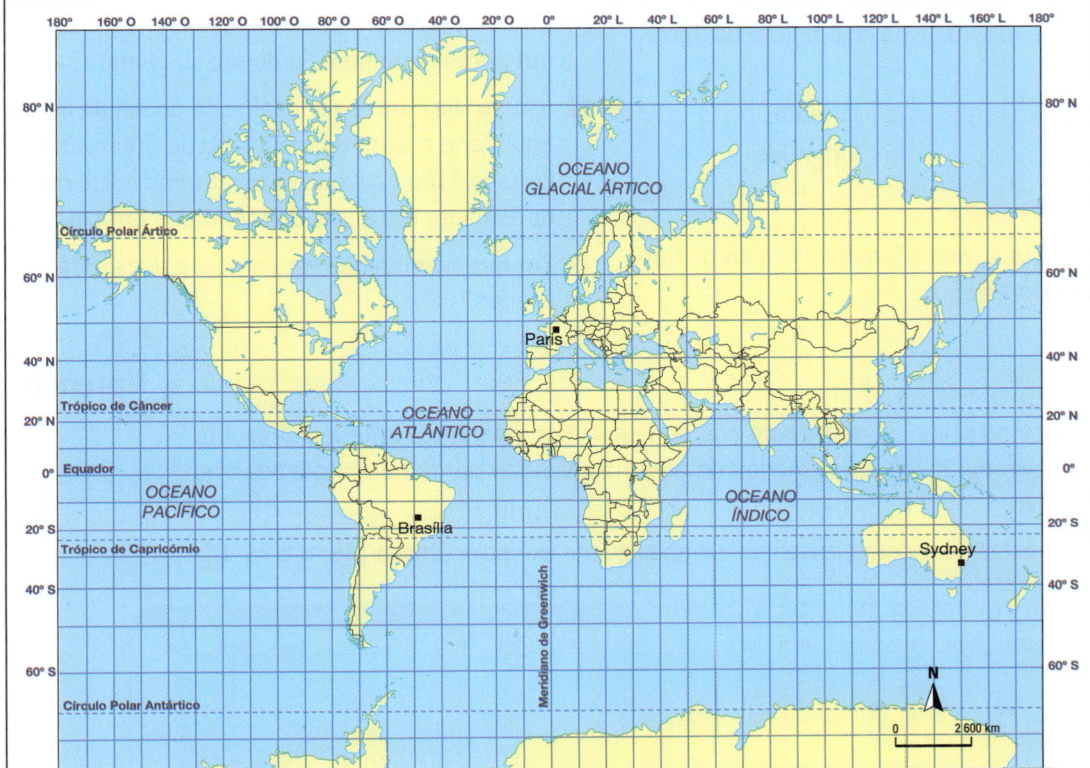

Sonia Vaz

Brasília está 16° ao sul da linha do Equador e 48° a oeste do meridiano de Greenwich (16° S e 48° O).
Paris, na França, está 48° ao norte da linha do Equador e 2° a leste de Greenwich (48° N e 2° L).
Sydney, na Austrália, está 33° ao sul da linha do Equador e 150° a leste de Greenwich (33° S e 150° L).

Fonte: ATLAS geográfico escolar. 6. ed. Rio de Janeiro: IBGE, 2012. p. 23.

Um jogo de coordenadas

Utilizar as coordenadas geográficas para localizar um ponto sobre a superfície terrestre parece com um jogo que você pode brincar com um colega. Nele, cada participante utiliza uma folha quadriculada em que as linhas horizontais, codificadas por números, e as linhas verticais, codificadas por letras, possibilitam encontrar as coordenadas de certos elementos.

Para iniciar o jogo, os participantes devem localizar alguns objetos, como bolas, navios, árvores ou aviões, desenhando-os no encontro de uma linha vertical com uma horizontal. Ganha o jogo quem acertar primeiro a localização de todos os objetos da folha do adversário.

Observando o jogo e comparando-o a um mapa, você perceberá que as linhas horizontais equivalem aos paralelos e as linhas verticais, aos meridianos. Assim, os códigos utilizados para identificar as linhas correspondem às coordenadas geográficas que aparecem nos mapas. Nesse caso, os números, que identificam as linhas horizontais, seriam as latitudes, e as letras, que identificam as linhas verticais, seriam as longitudes. Veja a figura ao lado.

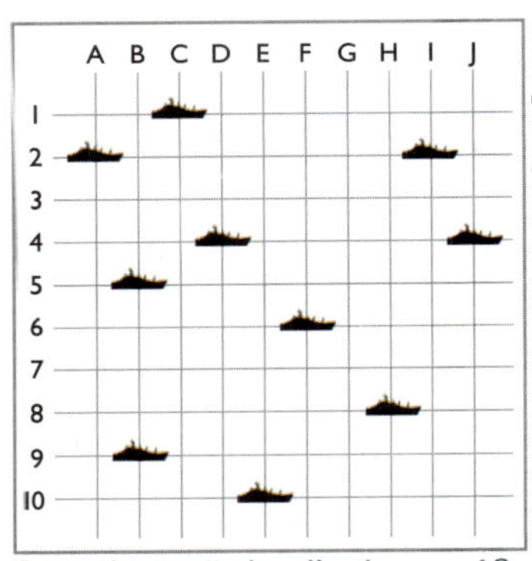

Renan Fonseca

Os navios estão localizados em: 1C, 2A, 2I, 4D, 4J, 5B, 6F, 8H, 9B e 10E.

Atividades

Revisão

1. Cite duas situações nas quais uma pessoa pode precisar se orientar pelos astros.

2. O que diferencia o funcionamento de uma bússola do de um GPS?

3. Sobre como se localizar na superfície da Terra, defina:

   a) paralelos;
   b) meridianos;
   c) latitude;
   d) longitude.

4. Escreva o nome:

   a) do paralelo que divide a Terra no Hemisfério Norte e no Hemisfério Sul;
   b) do meridiano que divide a Terra no Hemisfério Ocidental e no Hemisfério Oriental.

5. De que maneira os paralelos e os meridianos dividem a Terra em hemisférios?

6. De que maneira podemos localizar com exatidão um ponto na superfície de nosso planeta?

7. A Austrália é um país localizado ao sul da linha do Equador e a leste do meridiano de Greenwich. Já o Canadá é um país que se localiza ao norte da linha do Equador e a oeste do meridiano principal.

   Em que hemisférios esses dois países estão localizados?

Análise de mapa

Giro pela Matemática

8. Utilizando o mesmo princípio do jogo de coordenadas visto na página anterior, descubra as coordenadas geográficas aproximadas de algumas cidades do mundo localizadas no planisfério abaixo.

   Escreva as respostas no caderno, baseando-se no seguinte exemplo: Ottawa (45° N e 75° O).

Coordenadas geográficas de localização

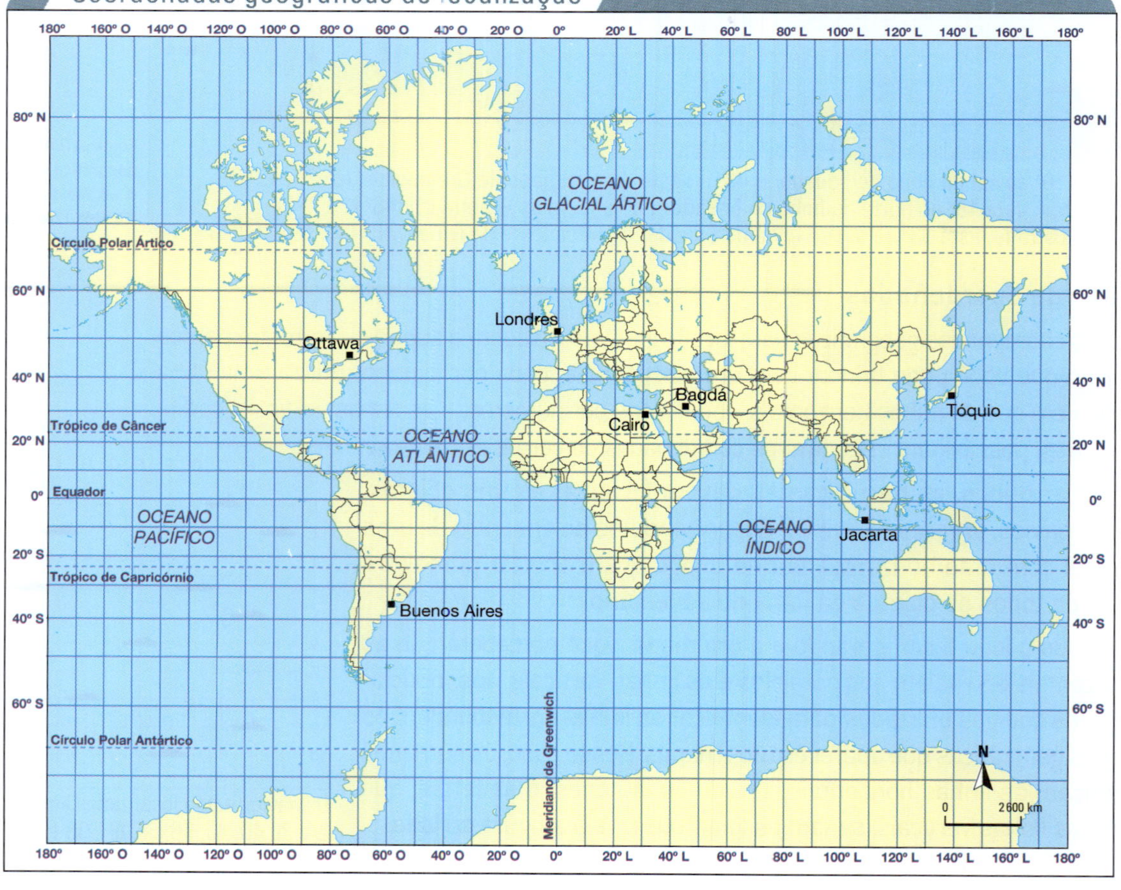

Sonia Vaz

Fonte: ATLAS geográfico escolar. 6. ed. Rio de Janeiro: IBGE, 2012. p. 23.

Trabalho com representações

9 Observe o mapa do Brasil abaixo. Nele está indicada a localização de algumas das mais belas paisagens naturais do país.

Alguns pontos turísticos do Brasil

R. Hatadani

Lençóis Maranhenses.

Maurício Simonetti/Pulsar Imagens

Ponta do Seixas, 2013.

J. L. Bulcão/Pulsar Imagens

Parque Nacional do Itatiaia, 2012.

Vitor Marigo/Tyba

Confluência dos rios Negro e Solimões, 2014.

Rubens Chaves/Pulsar Imagens

Fonte: ATLAS geográfico escolar. 6. ed. Rio de Janeiro: IBGE, 2012. p. 90.

Chapada dos Guimarães, 2014.

Ed Viggiani/Pulsar Imagens

Cataratas do Iguaçu.

Maurício Simonetti/Pulsar Imagens

Praia da Lagoinha, 2014.

Palê Zuppani/Pulsar Imagens

Agora, imagine que você participará de um concurso e concorrerá a uma viagem a um desses lugares se conseguir identificá-lo. Para descobrir esse lugar e o estado em que ele se encontra, siga as pistas e utilize as noções de **orientação e localização** que estudamos:

a) o estado em que se encontra esse lugar está ao norte do trópico de Capricórnio e ao sul do Equador;

b) nenhum dos pontos extremos do Brasil está localizado nesse estado;

c) o lugar não está na porção norte do país;

d) o estado onde se encontra essa beleza natural está a oeste de Goiás e faz divisa com o estado do Pará.

Qual é o nome do lugar que você descobriu e em que estado ele se localiza?

Atividades

Revisão

1. Cite três características que propiciam o desenvolvimento da vida em nosso planeta.
2. Qual é o nome da porção da Terra que acolhe os seres vivos? O que significa esse termo?
3. Cite o nome das outras esferas que compõem a biosfera.
4. De acordo com o estudo deste capítulo, explique o que é insolação.
5. Leia a frase:

> "Os raios solares que aquecem a Terra não atingem com a mesma intensidade suas diversas regiões."

Qual é o fator responsável por essas diferenças de insolação sobre a superfície terrestre?

6. O que são zonas térmicas? Como elas podem caracterizar a existência de diferentes paisagens?
7. O que é ecossistema? Cite dois grandes ecossistemas brasileiros mencionados nas páginas **98** e **99**.
8. Por que a alteração em um pequeno ecossistema pode afetar um grande ecossistema?

Atividades de compreensão

9. "Na Terra, nenhum ser vive isolado. Pela própria lei da natureza, todos dependem de todos."

Cornelio Ramalho Campelo. *Pensamentos sobre a natureza.* Petrópolis: Vozes, 1995. p. 61.

Comente a declaração acima, de acordo com o que você aprendeu sobre as relações entre os seres vivos e os elementos físicos presentes na natureza.

10. Em uma grande floresta tropical, existem animais de diversos tamanhos e, em uma poça de água nessa mesma floresta, podem existir muitos microrganismos.

De acordo com a afirmação acima, explique por que os ecossistemas podem ter dimensões bem variadas.

Análise de imagens

11. Observe o esquema abaixo. Identifique, no caderno, o nome das esferas terrestres e do conceito geográfico que correspondem aos números indicados no esquema.

André Seale/Pulsar Imagens

Praia de Makapuu, na ilha de Oahu, que pertence ao arquipélago do Havaí, em 2013.

Análise de esquema

12 O esquema abaixo apresenta um exemplo das trocas de matéria e de energia que ocorrem em uma porção do ecossistema de Mata Atlântica. As setas que indicam as trocas estão numeradas. Observe.

Du Zuppani/Pulsar Imagens
Zé Zuppani/Pulsar Imagens
Daniel Cymbalista/Pulsar Imagens
Armando Catunda/Pulsar Imagens
Palê Zuppani/Pulsar Imagens
João Prudente/Pulsar Imagens
Palê Zuppani/Pulsar Imagens
Ismar Ingber/Pulsar Imagens

Anote no caderno as setas que:

a) representam os decompositores;

b) indicam o ciclo da água;

c) correspondem à luz solar;

d) indicam o sentido da cadeia alimentar.

UNIDADE IV

A DINÂMICA DO RELEVO E AS PAISAGENS TERRESTRES

Andre Dib/
Pulsar Imagens

Nesta paisagem podemos contemplar diferentes formas de relevo, com destaque para os paredões muito íngremes da chapada Diamartina, em Palmeiras, Bahia, em 2013.

Pense no relevo do lugar onde você mora.

1. A paisagem acima apresenta formas de relevo semelhantes às do lugar onde você mora? Por quê?
2. Você observa áreas planas ou irregulares onde mora?
3. Converse com os colegas a respeito desse assunto.

CAPÍTULO 11

O relevo e suas formas

Você certamente já observou que na superfície terrestre há uma série de irregularidades, com áreas elevadas e outras mais planas. Essas irregularidades, chamadas relevo, ocorrem tanto nas terras emersas, compostas de continentes e ilhas, quanto nas terras imersas, que são as recobertas pelos oceanos e mares. Assim, podemos classificar o relevo terrestre em continental e submarino. Veja na página seguinte.

Ilustrações produzidas com base em: *A Terra*. São Paulo: Ática, 1994, p. 42.

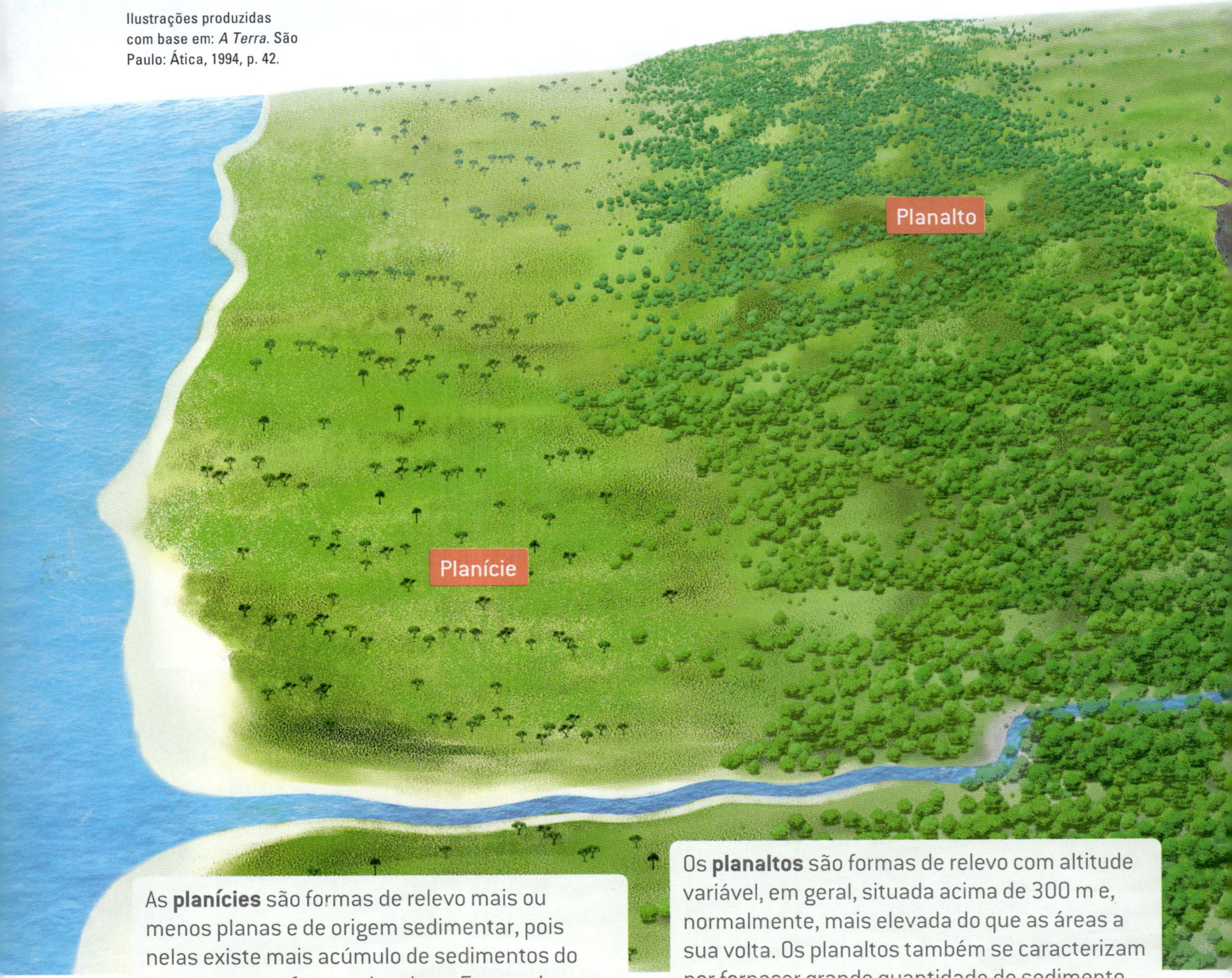

As **planícies** são formas de relevo mais ou menos planas e de origem sedimentar, pois nelas existe mais acúmulo de sedimentos do que em outras formas de relevo. Em geral, as planícies se localizam em baixas altitudes, ou seja, são pouco elevadas em relação ao nível do mar. Mas também são encontradas planícies em altitudes mais elevadas.

Os **planaltos** são formas de relevo com altitude variável, em geral, situada acima de 300 m e, normalmente, mais elevada do que as áreas a sua volta. Os planaltos também se caracterizam por fornecer grande quantidade de sedimento para as áreas mais baixas ao seu redor, formadas muitas vezes por planícies e depressões.

O relevo continental

O relevo continental apresenta formas bastante variadas. Algumas delas destacam-se mais na paisagem do que outras. As mais importantes formas do relevo continental são as planícies, os planaltos, as depressões e as cadeias de montanhas. A ilustração a seguir apresenta, de maneira esquemática, as principais características de cada uma dessas formas de relevo. Observe com atenção.

As **depressões** são formas de relevo com altitude mais baixa do que as áreas que estão ao seu redor. Geralmente, possuem superfície plana, por causa, por exemplo, do intenso desgaste provocado pela água e pelo vento.

As depressões podem ser relativas, quando apresentam altitude superior à do nível do mar e inferior à das áreas vizinhas, como a depressão Cuiabana, no Brasil; e podem, ainda, ser absolutas, quando apresentam altitude abaixo do nível do mar, como no vale da Morte, nos Estados Unidos, com cerca de −86 m.

As **cadeias de montanhas** reúnem na mesma área uma série de montanhas. Elas apresentam as superfícies mais elevadas do relevo continental e as encostas mais íngremes; por isso, sofrem intensamente o desgaste provocado pela água, pelo vento e pelas geleiras. As montanhas fornecem grande quantidade de sedimento para as áreas mais baixas de seu entorno. O termo **cordilheira** designa um conjunto de cadeias de montanhas.

As altitudes do relevo brasileiro

As formas de relevo existentes atualmente no Brasil têm origem, basicamente, em ações internas da Terra, como o vulcanismo e os movimentos da crosta, que ocorreram há milhões de anos. Além disso, ações externas, como o desgaste provocado pelo vento e pela água das chuvas e dos rios, vêm esculpindo o relevo do país ao longo do tempo.

Em razão da idade muito antiga e do intenso desgaste desses terrenos, não observamos grandes altitudes no relevo brasileiro. Cerca de 93% do território do país são compostos de terrenos com menos de 800 m acima do nível do mar.

Representação cartográfica do relevo

Uma das técnicas da cartografia para representar os desníveis da superfície terrestre é a convenção de cores altimétricas (alti = altura e metria = medida). Essa técnica consiste em utilizar cores e tonalidades diferentes para representar a variação de altitude e profundidade do relevo.

Observe o mapa altimétrico do Brasil a seguir:

- o verde representa as altitudes entre 0 e 200 m;
- o amarelo representa as altitudes entre 200 e 500 m;
- o alaranjado representa as altitudes entre 500 e 800 m;
- o marrom-claro representa as áreas de altitude entre 800 e 1 200 m;
- o marrom-escuro representa as áreas de altitude acima de 1 200 m.

Observando o mapa altimétrico do Brasil, responda:

1. Quais são as altitudes predominantes no país?
2. Quais são e em que estados se localizam os pontos mais elevados do território brasileiro?
3. Qual porção do estado em que você vive apresenta as maiores altitudes? E qual é a porção com as menores altitudes?

Altimetria do relevo brasileiro

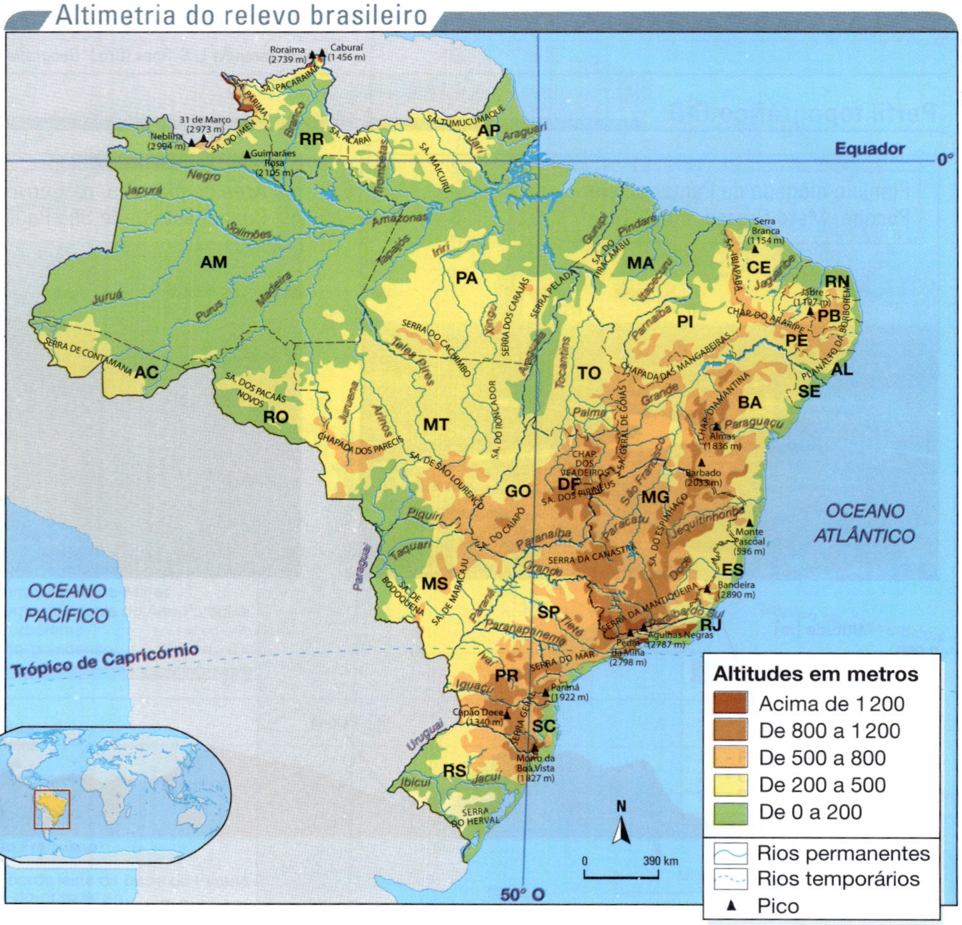

Edson B. C.

Fonte: ATLAS geográfico escolar. 6. ed. Rio de Janeiro: IBGE, 2012. p. 88.

O relevo submarino

Assim como o relevo continental, o relevo submarino apresenta formas diferenciadas. As principais formas do relevo submarino são as plataformas e os taludes continentais; as ilhas, as bacias e as cadeias oceânicas; e as fossas marinhas. Observe a ilustração.

Ilustração produzida com base em: Reed Wicander; James S. Monroe. *Fundamentos de Geologia*. São Paulo: Cengage Learning, 2009. p. 363.

Principais formas do relevo submarino

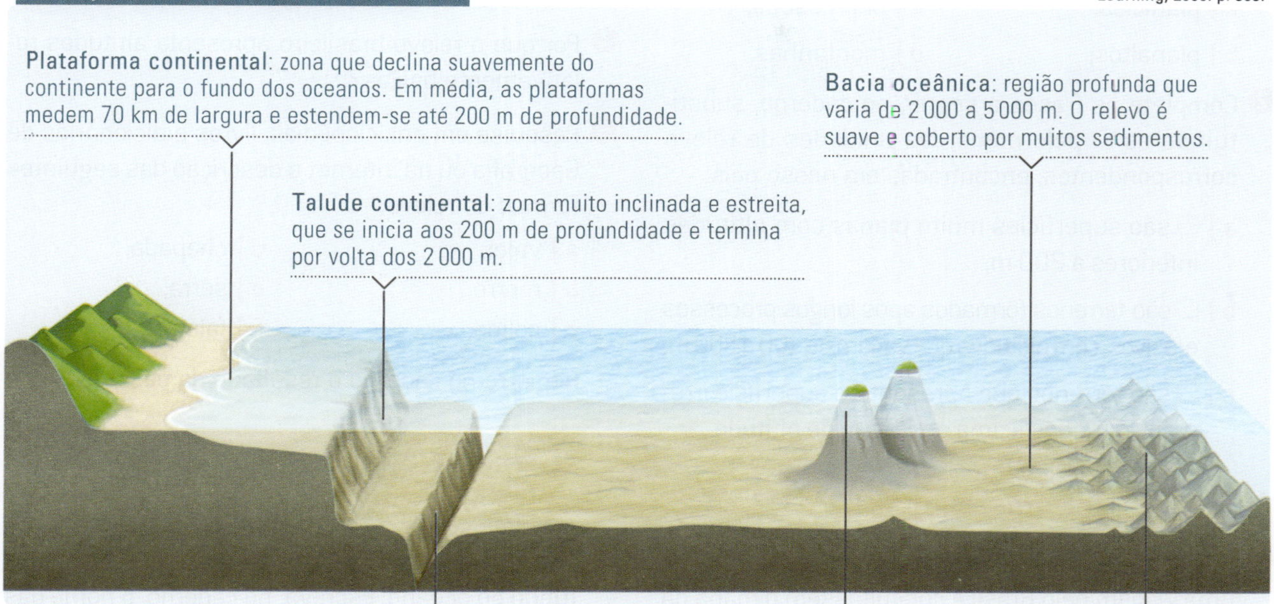

Bruno O. Sampaio

O relevo submarino começou a ser mais bem estudado pelos cientistas apenas na segunda metade do século XIX. Porém, somente a partir da década de 1940, com o desenvolvimento de novas técnicas e equipamentos de exploração, como sonares e radares, foi possível obter informações mais precisas e detalhadas sobre o fundo dos oceanos. Atualmente, as expedições submarinas contam com robôs submersíveis não tripulados, capazes de mergulhar em fossas de até 6 000 metros de profundidade e mapear com grande precisão o relevo oceânico. Essas máquinas fazem todo o trabalho por controle remoto, enviando os dados coletados à estação de comando na superfície terrestre.

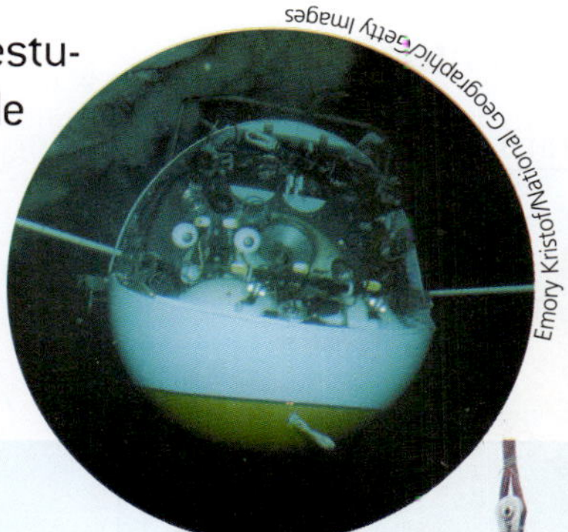

Emory Kristof/National Geographic/Getty Images

Ryutin Nikolai/ITAR-TASS Photo/Corbis/Latinstock

Na foto ao lado, o submersível-robô russo MIR-1 sendo conduzido em missão exploratória no lago Baikal, Rússia, em 2010. No detalhe, submersível-robô nas águas do Oceano Atlântico.

Atividades

Revisão

1 Descreva, no caderno, as características das principais formas do relevo continental:

a) planícies;
b) planaltos;
c) depressões;
d) montanhas.

2 Complete as frases a seguir, no caderno, substituindo os ▢ pelo nome das unidades de relevo correspondentes, encontradas em nosso país.

a) ▢ são superfícies muito planas com altitudes inferiores a 200 m.

b) ▢ são terrenos formados após longos processos erosivos, com altitudes que variam de 100 a 500 m.

c) ▢ são terrenos que apresentam superfície irregular, situados acima de 300 m de altitude.

3 Consulte o mapa da página **106** e escreva no caderno o nome das unidades do relevo do estado onde você vive.

4 Por que o relevo brasileiro apresenta altitudes relativamente baixas?

5 Pesquise em enciclopédias, livros e dicionários de Geografia ou na internet a descrição das seguintes formas de relevo:

a) vale;
b) morro;
c) colina;
d) chapada;
e) serra;
f) falésia.

Registre no caderno o resultado da pesquisa.

Atividades de compreensão

6 Suponha que alguns amigos resolvessem fazer uma viagem pelo Brasil e consultassem o mapa da página **106** para definir o roteiro. Se os viajantes seguissem em linha reta do número 7, localizado no estado de São Paulo, até o 26, que unidades do relevo iriam avistar, de acordo com esse mapa?

7 Imagine que você está realizando uma viagem pelo fundo do oceano. Escreva, no caderno, o nome das principais formas do relevo submarino que você pode encontrar e descreva uma delas.

Trabalho com representações

Altimetria do Ceará

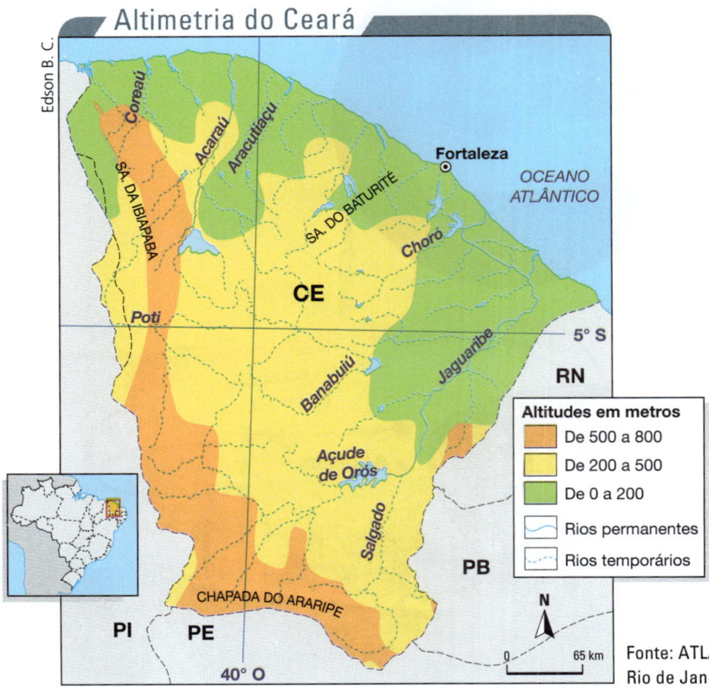

Fonte: ATLAS geográfico escolar. 6. ed. Rio de Janeiro: IBGE, 2012. p. 88.

8 Neste capítulo, aprendemos que as altitudes do relevo podem ser representadas em mapas por meio de cores. Observe ao lado o mapa das altitudes do relevo do estado do Ceará e, baseando-se na legenda e na rosa dos ventos, responda às questões a seguir.

a) A quantos metros de altitude estão as terras mais elevadas do estado do Ceará? Em que porção do estado elas se localizam?

b) Em que cor estão indicadas as terras mais baixas? Em que faixa de altitude se situam? Onde estão localizadas?

c) Quais altitudes do relevo predominam na porção central do estado?

d) Em que faixa de altitude está situada Fortaleza?

Leitura e interpretação de texto

Vivência e meio ambiente

9 Leia o texto e responda às questões.

Kilimanjaro: o topo da África

Quando se fala em África, logo vem à cabeça a imagem de uma savana. Veja se você pensou em uma cena parecida: mata baixa, leões disfarçados à procura de uma presa, manadas de rinocerontes, elefantes, sol escaldante – capaz de fritar um ovo no chão – e um pouquinho de neve... Opa! Há algo errado! Neve? Na África?

É mesmo difícil de acreditar, mas embaixo de todo esse calor, muito perto de leões, girafas e rinocerontes, existe um vulcão coberto de neve: o Kilimanjaro. Ele está localizado na Tanzânia, país da costa leste do continente, e tem quase seis mil metros de altitude.

Ué, mas a lava do vulcão expelida não derreteria a neve? Derreteria; acontece que não há registros de erupções nesse vulcão. Isso porque o Kilimanjaro não é um vulcão ativo, e sim dormente. [...]

Mas, você deve estar se perguntando: por que, afinal, a neve se acumulou em cima do vulcão? Guarde bem para não esquecer: em locais extremamente altos, como no topo do Kilimanjaro, a temperatura média chega a ser tão fria como nos polos da Terra. Quem se aventura a escalar essa montanha começa enfrentando clima quente como o da Amazônia até que, com a subida, a temperatura vai baixando, há chuvas e, no topo, gelo! Ali, ocorre um fenômeno conhecido como "neve eterna". Essa neve cai nos dias mais frios do inverno e não consegue ser derretida durante o resto do ano. Só que esse quadro mudou...

Há 100 anos o gelo cobria todo o alto da montanha – uma área de, aproximadamente, 12 quilômetros quadrados. Comparada ao que já foi, hoje ela é bem pouca, se acumula em cerca de dois quilômetros quadrados, ou seja, um sexto de seu tamanho original. Foi o aquecimento do planeta que fez com que pouco a pouco a neve se derretesse.

Resultado: o desaparecimento da neve no topo do Kilimanjaro, paralelamente, provocará a diminuição do volume de águas dos rios que as neves alimentam. E aí pode ocorrer o desaparecimento das florestas também. [...]

Celso Dal Ré Carneiro. Você sabia... que na África existe um vulcão coberto de neve? *Ciência Hoje das Crianças*. Rio de Janeiro, n. 168, maio 2006. p. 13.

Images of Africa Photobank/Alamy/Latinstock

Kilimanjaro, ao fundo, com o cume coberto de neve e, em primeiro plano, manada de elefantes, em foto de 2012.

a) Em qual país está localizado o vulcão Kilimanjaro? Em qual porção do continente africano esse país se encontra?

b) "Mas, você deve estar se perguntando: por que, afinal, a neve se acumulou em cima do vulcão?" Como é possível responder a essa pergunta do texto?

c) De acordo com o texto, o que vem causando a diminuição da neve no topo do Kilimanjaro?

d) Cite quais são as duas consequências do derretimento completo da neve do Kilimanjaro, segundo o texto.

CAPÍTULO 12

O relevo e os fatores internos

Os fenômenos que ocorrem no interior da Terra e que transformam o relevo terrestre somente serão compreendidos quando se souber o que exatamente existe na parte interna do planeta. Você já imaginou como é o interior do nosso planeta? Já pensou sobre o que existe a vários metros ou quilômetros abaixo do chão em que pisamos?

Richard Bradley/Alamy/Latinstock

Descobrir exatamente como é o interior do planeta sempre foi um desafio para os geólogos. A camada mais profunda da crosta terrestre que se alcançou com sondas está a aproximadamente 12 km de profundidade. O que se sabe, atualmente, sobre o interior da Terra provém de pesquisas realizadas na superfície terrestre e da observação de alguns fenômenos naturais.

Alguns fenômenos visíveis na superfície levam os cientistas a acreditar que o interior da Terra seja muito quente. As lavas incandescentes expelidas pelos vulcões e as águas ferventes dos gêiseres são algumas dessas evidências. Os gêiseres da Islândia, país localizado no norte da Europa (veja a imagem ao lado, de 2013), são fontes que lançam vapor e jatos de água muito quente, aquecidos no interior da Terra, em intervalos regulares de tempo.

geólogo: cientista que estuda a origem, a constituição e as sucessivas transformações físico-químicas da Terra

lava: material pastoso em altíssima temperatura que atinge a superfície terrestre por meio de algum fenômeno geológico

Como é a Terra por dentro?

Os conhecimentos sobre a Terra acumulados até a atualidade levaram à elaboração de um modelo de estrutura bastante aceito, segundo o qual o interior do planeta é formado por três partes principais: a **crosta**, o **manto** e o **núcleo**. Essas partes diferem-se principalmente em razão da temperatura, da profundidade e da composição de cada uma.

Estrutura interna da Terra

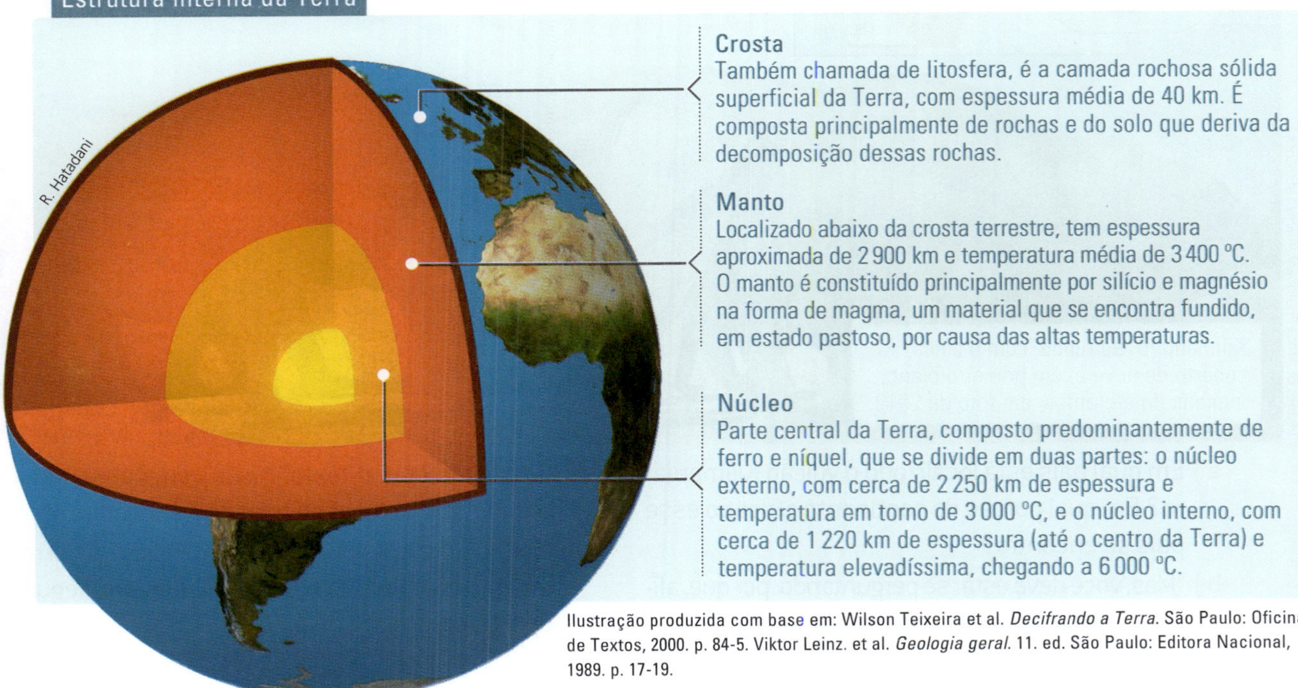

Ilustração produzida com base em: Wilson Teixeira et al. *Decifrando a Terra*. São Paulo: Oficina de Textos, 2000. p. 84-5. Viktor Leinz. et al. *Geologia geral*. 11. ed. São Paulo: Editora Nacional, 1989. p. 17-19.

O tectonismo e o movimento das placas

As temperaturas extremamente elevadas da parte interna do planeta, como vimos na página anterior, geram fenômenos que participam da transformação do relevo continental e do relevo submarino. Tais fenômenos são o tectonismo e o vulcanismo, principais fatores internos que atuam na crosta e transformam grandes áreas do relevo terrestre. Vamos entender como esses fenômenos atuam.

A crosta terrestre não é uma camada rochosa inteiriça. Ela é fragmentada em várias partes, tanto nos continentes quanto no fundo dos oceanos. Essas partes que compõem a crosta terrestre são denominadas **placas litosféricas** ou **tectônicas**. As placas litosféricas movimentam-se de maneira lenta e contínua sobre o manto terrestre, separando-se ou aproximando-se umas das outras poucos centímetros por ano. Observe no planisfério abaixo as principais placas litosféricas e as direções em que se movimentam.

Principais placas litosféricas da Terra

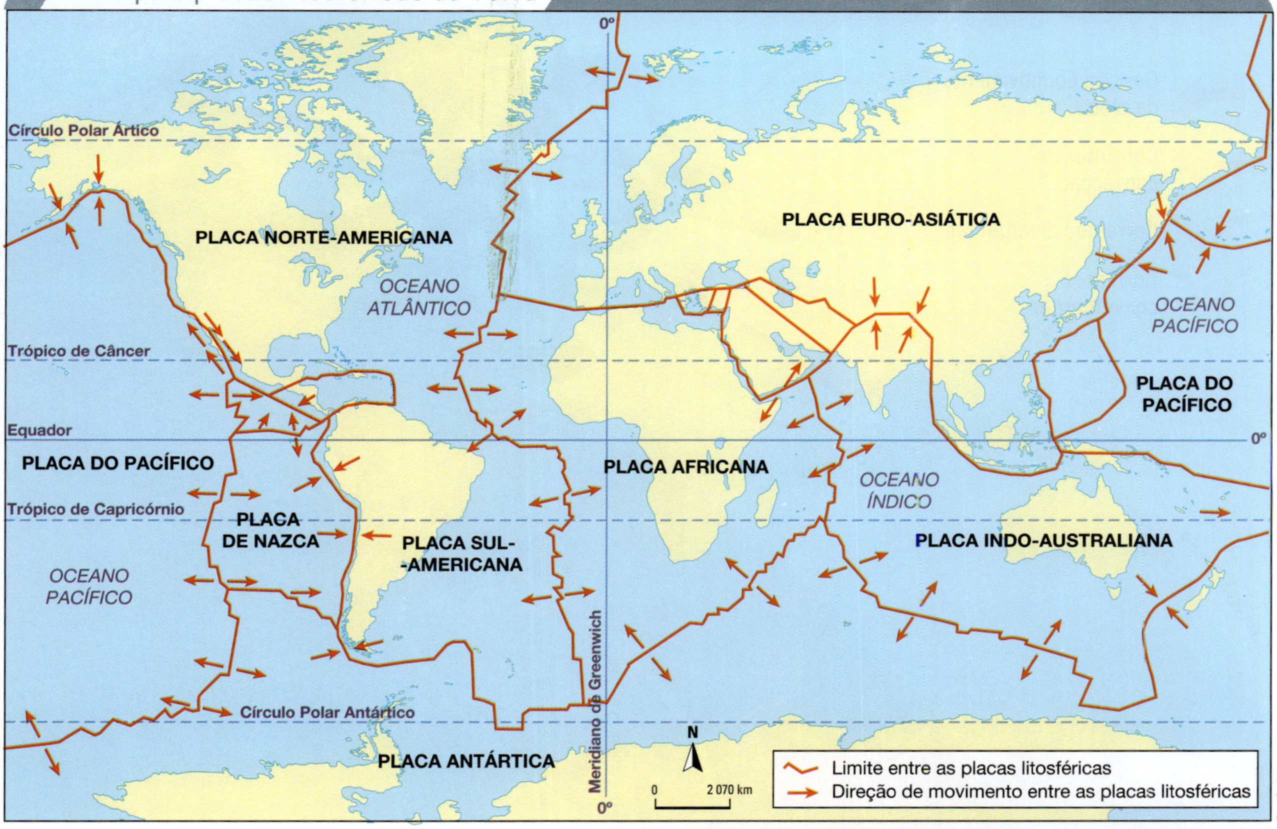

Fonte: ATLAS geográfico escolar. 6. ed. Rio de Janeiro: IBGE, 2012. p. 12-3.

Com a ajuda de instrumentos equipados com raios *laser* e instalados em satélites artificiais na órbita da Terra, foi possível medir com precisão as distâncias entre os continentes e comprovar a movimentação das placas litosféricas. Comprovou-se, por exemplo, que a América do Norte distancia-se da Europa em média 2 cm por ano, enquanto a África afasta-se da América do Sul cerca de 4 cm por ano.

laser: facho de raios luminosos de alta intensidade, produzidos artificialmente

Depois de observar o mapa, registre no caderno:

1. O nome de três grandes placas litosféricas da crosta terrestre.
2. O nome da placa litosférica sobre a qual está o território brasileiro, e o nome da placa da qual ela se afasta. Registre também o nome da placa com a qual ela se choca.

Por que as placas litosféricas se movimentam

Os movimentos que as placas litosféricas realizam, separando-se ou chocando-se umas com as outras, ocorrem devido ao calor intenso do interior da Terra. Esse calor faz o manto, localizado abaixo da crosta, circular em grandes correntes, denominadas **correntes de convecção**. Quando tais correntes são convergentes, as placas se chocam; quando são divergentes, elas se afastam. Assim, o tectonismo refere-se ao movimento das placas litosféricas causado

Movimentos das placas litosféricas

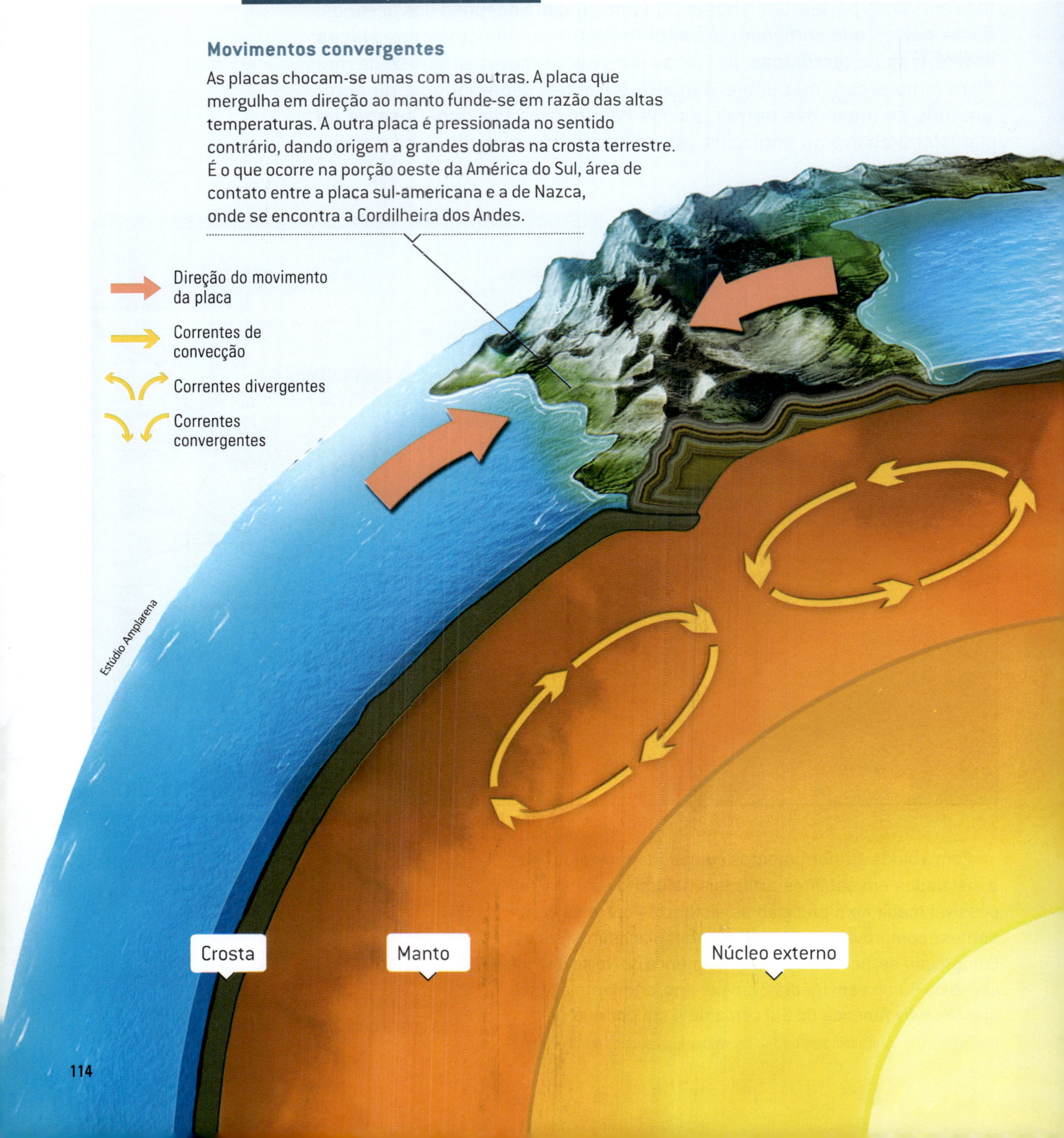

pela forte pressão que o manto exerce sobre a crosta terrestre e que produz deformidades, como as dobras e as falhas.

Observe na ilustração abaixo como as correntes de convecção circulam no interior do manto e as deformações que podem ocorrer, na crosta terrestre, em áreas de contato entre as placas litosféricas.

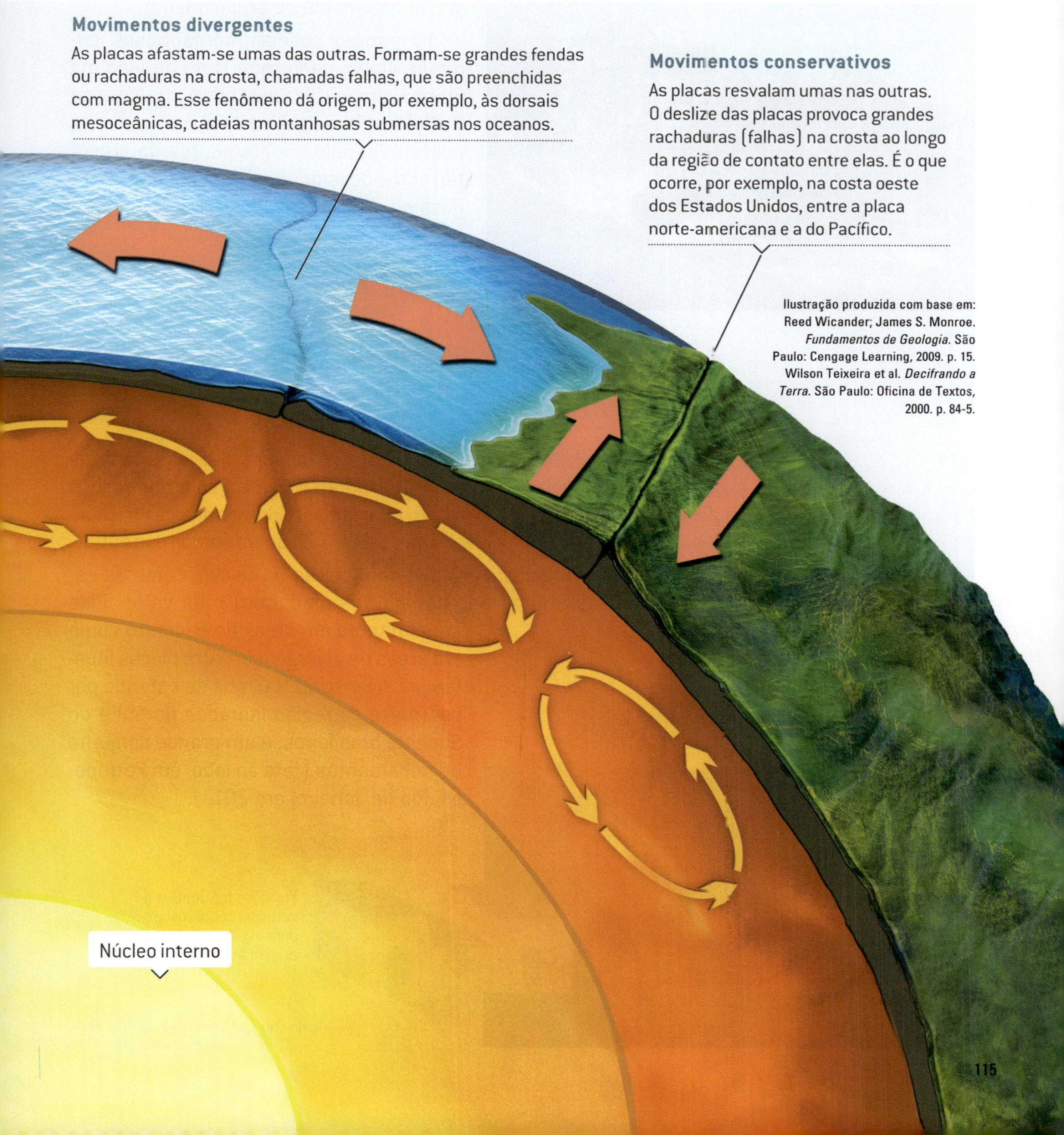

Ilustração produzida com base em: Reed Wicander; James S. Monroe. *Fundamentos de Geologia*. São Paulo: Cengage Learning, 2009. p. 15. Wilson Teixeira et al. *Decifrando a Terra*. São Paulo: Oficina de Textos, 2000. p. 84-5.

Dobras

Os movimentos das placas litosféricas na crosta terrestre atuam intensamente na modelagem do relevo. Esses movimentos dão origem a dobras e falhas.

incamerastock/Alamy/Latinstock

As dobras ou os dobramentos formam-se quando intensas pressões horizontais atuam sobre rochas menos resistentes, como as rochas sedimentares, e provocam seu enrugamento ou arqueamento.

As grandes cadeias montanhosas, como os Alpes, na Europa (foto ao lado, na França, em 2014), os Andes, na América do Sul, e o Himalaia, na Ásia, formaram-se, sobretudo, pelos dobramentos da crosta terrestre ocasionados pelo choque entre duas ou mais placas litosféricas.

Pressões horizontais convergentes sobre rochas menos resistentes dão origem às dobras.

Somma Studio

Falhas

As falhas ou os falhamentos ocorrem quando intensas pressões verticais e horizontais atuam sobre rochas mais duras e rígidas, como as rochas cristalinas. Essas pressões provocam o surgimento de gigantescas fraturas ou fendas nas rochas, que se deslocam, deslizando umas ao lado das outras.

As falhas podem dar origem a várias formas de relevo, como as escarpas (aclives abruptos nas bordas dos planaltos) e os vales. Elas surgem tanto em áreas de encontro como em áreas de divergência entre placas litosféricas. A Serra do Mar, que se estende por boa parte da região litorânea do Sul e do Sudeste brasileiros, é um grande conjunto de falhamentos (foto ao lado, em Petrópolis, Rio de Janeiro, em 2012).

Ismar Ingber/Pulsar Imagens

Pressões horizontais e verticais sobre rochas mais rígidas dão origem às falhas.

Somma Studio

Ilustrações produzidas com base em: *A Terra*. São Paulo: Ática, 1994. p. 15.

Vulcanismo

Quando a pressão vinda do manto terrestre é suficientemente forte para romper as camadas rochosas da crosta, origina-se o vulcanismo. Esse fenômeno ocorre principalmente em áreas próximas ao encontro das placas litosféricas. Nele, o magma contido no interior do planeta extravasa para a superfície na forma de lava e pode cobrir extensas áreas de terreno.

Em geral, o vulcanismo dá origem a duas formas de relevo: montanhas e planaltos.

As montanhas surgem quando as lavas acumulam-se ao redor da fenda pela qual o magma foi expelido. Após vários derrames de lavas, forma-se uma montanha, muitas vezes em forma de cone (foto **A**, Monte Fuji, no Japão, em 2012).

Os planaltos surgem quando as lavas extravasam para a superfície através de fissuras na crosta terrestre, espalhando-se por grandes extensões. Após se resfriarem, as lavas dão origem às rochas magmáticas.

No Brasil, existem formas de relevo originadas do vulcanismo que ocorreu há milhões de anos. São exemplos os planaltos de grande parte da bacia hidrográfica do Rio Paraná (foto **B**, planalto em Cornélio Procópio, Paraná, em 2013). No entanto, atualmente não existe atividade vulcânica em território brasileiro, pois o país está situado na porção central e geologicamente estável da placa litosférica sul-americana.

A
Sean Pavone/Alamy/Latinstock

B
Ernesto Reghran/Pulsar Imagens

Terremotos

Os terremotos ou abalos sísmicos são vibrações que fazem a crosta terrestre tremer e podem ocasionar intensas transformações nas paisagens. Todos os anos, milhares de terremotos acontecem no interior da litosfera, com intensidade variada. Eles são causados por fenômenos como o deslocamento das placas litosféricas, o acomodamento de camadas de litosfera ou o início da erupção de um vulcão.

Somente uma parcela muito pequena dos tremores é sentida pelas pessoas. Suas consequências podem variar de uma leve sensação de desequilíbrio até o desmoronamento de cidades inteiras, com prejuízos materiais e perda de vidas humanas.

Embora incessantes pesquisas sobre a origem dos terremotos sejam realizadas, ainda não é possível prever com precisão quando e com que intensidade um abalo sísmico vai ocorrer.

China Daily/Reuters/Latinstock

Na imagem acima, é possível observar parte de uma paisagem da província de Yunnan, na China, destruída pela ação arrasadora de um terremoto, ocorrido em 2014.

Atividades

Revisão

1 O que são placas tectônicas ou litosféricas?

2 Qual é o movimento da superfície da Terra que permite que os continentes se aproximem ou se afastem lentamente? Explique por que e como esse movimento acontece.

3 Com base no infográfico das páginas **114** e **115**, descreva o que ocorre quando as placas tectônicas:

a) chocam-se umas com as outras;

b) afastam-se umas das outras;

c) resvalam umas nas outras.

4 Complete as frases a seguir no caderno, de acordo com o que você estudou a partir da página **116**.

a) As dobras ou os dobramentos formam-se quando ▢.

b) As falhas ou os falhamentos ocorrem quando ▢.

5 No que consiste o fenômeno do vulcanismo? Quais são as principais formas de relevo que o vulcanismo pode produzir?

6 "[...] Os chineses acreditavam que o mundo repousava sobre o lombo de um boi — de vez em quando, o animal trocava seu ponto de apoio de uma pata para outra, fazendo a terra balançar. [...]"

Igor Fuser. Terremotos: sem hora marcada. *Superinteressante Especial*, São Paulo, fev. 1998. Disponível em: <http://super.abril.com.br>. Acesso em: 31 jan. 2015.

a) A que fenômeno natural esse mito se refere?

b) Como esse fenômeno ocorre?

Trabalho em grupo: pesquisa e produção de mapa

7 Leia o texto que segue.

Vulcão em erupção no Japão deixa 47 mortos e 16 desaparecidos

[...]

O Monte Ontake, segundo vulcão mais alto do Japão, superado apenas pelo Monte Fuji, tem 3067 metros e fica situado na Região Central do país. O vulcão começou a expelir fumaça, rochas incandescentes e cinzas na madrugada de sábado (27), de acordo com a agência meteorológica do país. Centenas de pessoas faziam caminhada próximo ao vulcão no momento da erupção, mas a maioria conseguiu abandonar a região ou foi retirada do local por meio da ajuda de helicópteros militares.

A última grande erupção do Ontake foi em 1979, quando o vulcão expeliu cerca de 200 mil toneladas de cinzas. Em 1991, foi registrada outra erupção, mas de menor amplitude e, em 2007, uma nova erupção causou uma série de terremotos vulcânicos no país. O Japão está localizado sobre o chamado Anel de Fogo do Pacífico e conta com mais de uma centena de vulcões ativos.

VULCÃO em erupção no Japão deixa 47 mortos e 16 desaparecidos. *Agência Brasil*, Brasília, 3 out. 2014. Disponível em: <www.ebc.com.br>. Acesso em: 24 out. 2014.

Jiji Press/AFP/Getty Images

Paisagem coberta de cinzas lançadas pelo vulcão Ontake, no Japão, em 2014, demonstrando que esse vulcão continua em atividade.

Junte-se a dois colegas e pesquisem, em jornais ou revistas, duas ou três notícias recentes ou não sobre erupções vulcânicas ou terremotos ocorridos em qualquer parte do mundo. Identifiquem o local, a data e as consequências da ocorrência desse fenômeno.

Em seguida, reproduzam o mapa da página **113** no caderno e localizem nele as áreas onde, aproximadamente, ocorreram os fenômenos pesquisados, observando se estão próximas ao encontro de placas litosféricas. Com base nas pesquisas, elaborem legendas que descrevam os acontecimentos e suas possíveis relações com o movimento das placas.

Elaboração de história em quadrinhos

Giro pela Língua Portuguesa

8 No ano de 1864, Júlio Verne lançou o livro *Viagem ao centro da Terra*. Nele, o famoso escritor francês, precursor das histórias de ficção científica, narra a história de um geólogo alemão e de seu sobrinho que, por meio de um vulcão extinto na Islândia, adentram o interior do planeta em uma eletrizante aventura. Vários filmes de explorações ao interior da Terra foram feitos com base no livro de Verne, mas nenhum é tão encantador quanto a história escrita por ele no século XIX.

Agora, imagine que você e seus colegas farão uma viagem ao centro da Terra, em um veículo ultramoderno. Desenhe uma pequena história em quadrinhos descrevendo essa aventura e mostrando, com base no que você aprendeu neste capítulo, as principais características de cada parte interna do planeta. Lembrem-se de que vocês partirão da superfície para o núcleo, seu "destino" final.

GEOGRAFIA na Biblioteca

Viagem ao centro da Terra

Clássico literário que narra a história de uma emocionante aventura ao interior de nosso planeta.

Júlio Verne. Trad: Walcyr Carrasco. São Paulo: Moderna, 2012.

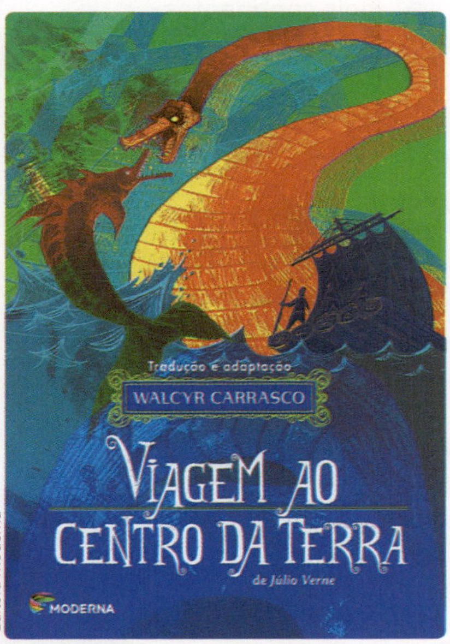

Editora Moderna

Além disso...

Inferno de Dante
Filme sobre um vulcão inativo que entrará em erupção atingindo a pequena cidade de Dante.
Direção: Roger Donaldson. Pacific Western Productions, 1997.

Atlas da Terra
Susanna Van Rose. São Paulo: Martins Fontes, 2000.
Incrível guia visual que explica como a Terra se formou e os fenômenos que ocorrem em seu interior e modificam suas paisagens.

A Era do Gelo 4 – Apresentando Deriva Continental
Caroline Rowlands. São Paulo: Brinke Books, 2013.
Livro com os mesmos personagens do filme *A Era do Gelo* que aborda a Deriva Continental de maneira divertida.

Planeta Terra: o poder do planeta – Vulcões <http://tvescola.mec.gov.br/tve/ video?idItem=5135>
Visite o *site* e assista a um documentário sobre o poder dos vulcões.

Giro pela Ciências

Continentes em movimento

Se observarmos o contorno da América do Sul e o da África, poderemos perceber que eles se encaixam quase perfeitamente. Intrigado com essa "coincidência", o meteorologista alemão Alfred Wegener desenvolveu a revolucionária teoria da Deriva Continental, apresentada em 1915.

De acordo com essa teoria, os dois continentes estiveram unidos em uma época remota. Além desse "encaixe" dos litorais sul-americano e africano, Wegener encontrou vários outros indícios de que esses continentes estiveram unidos no passado, como a existência, nos dois continentes, de fósseis idênticos de plantas e animais, e a ocorrência de formações rochosas semelhantes na costa de ambos.

Essa teoria, entretanto, só foi confirmada na década de 1960, com base em novos estudos e com o auxílio de aparatos tecnológicos. As imagens a seguir ilustram o movimento dos continentes ao longo de milhões de anos, de acordo com a teoria de Wegener.

Há aproximadamente 230 milhões de anos (final da Era Paleozoica) havia apenas um supercontinente chamado Pangea, cercado por duas massas de oceano.

Há cerca de 200 milhões de anos (início da Era Mesozoica), a Pangea começou a dividir-se em dois continentes: Laurásia e Gondwana.

Por volta de 135 milhões de anos atrás, Laurásia e Gondwana começaram a se dividir e formar os continentes: América do Norte, América do Sul, Europa e Ásia, África e Antártida.

Fotomontagem de R. Hatadani com a composição de Museu de História Natural, Londres (Inglaterra). Foto: Roberto Nistri/Alamy/Latinstock; Museu Cívico de História Natural, Milão (Itália). Foto: DeAgostini/Getty Images; Museu de História Natural, Londres (Inglaterra). Foto: The Natural History Museum/AlamyLatinstock; Museu Cívico de História Natural, Milão (Itália). Foto: De Agostini Picture Library/Easypix e Jupiterimages/Thinkstock/Getty Images

Evidências da Deriva Continental

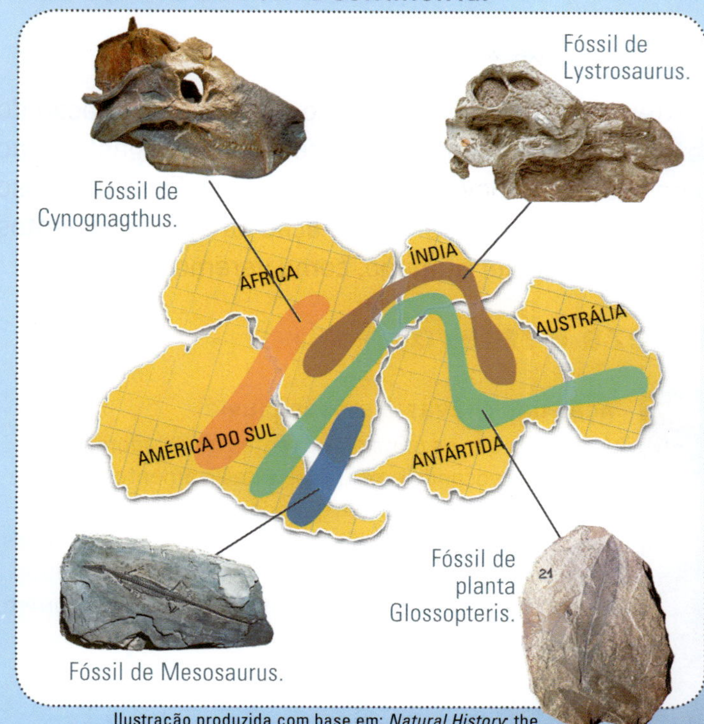

Ilustração produzida com base em: *Natural History*: the ultimate visual guide to everything on Earth. New York: Dorling Kindersley, 2010. p. 25.

Ler, pensar, compreender

1. De acordo com o texto, quem formulou a teoria da Deriva Continental? Quando essa teoria foi apresentada?
2. Qual a principal ideia sugerida por essa teoria?
3. Quais indícios Wegener encontrou para propor sua teoria?
4. Observe a sequência de imagens desta seção e verifique o movimento dos continentes ao longo dos últimos milhões de anos da história geológica do nosso planeta.

Há aproximadamente 65 milhões de anos (Era Cenozoica), os continentes já apresentavam configuração bem parecida com a atual. A Austrália se separou da Antártida e a Índia se deslocou em direção à Ásia.

Estudos apontam uma nova configuração dos continentes, em aproximadamente 50 milhões de anos, com a junção do continente africano e o europeu, assim como a colisão entre Austrália, Indonésia e Tailândia.

Ilustrações produzidas com base em: Frank Press et al. *Para entender a Terra*. 4. ed. Porto Alegre: Bookman, 2006. p. 67. Wilson Teixeira et al. *Decifrando a Terra*. São Paulo: Oficina de Textos, 2000. p. 98-9.

CAPÍTULO 13

O relevo e os fatores externos

O principal fator externo que atua na formação e na transformação do relevo terrestre é a erosão, nome dado ao processo de desgaste e, ao mesmo tempo, de construção de novas formas de relevo. Esse processo pode ser desencadeado de forma natural – pela ação da água, dos ventos e das geleiras – ou pela ação do ser humano, como veremos a seguir.

Ações da natureza e relevo

Palê Zuppani/Pulsar Imagens

Ação das chuvas – erosão pluvial

As chuvas são os principais agentes modeladores do relevo, provocando enxurradas e deslizamentos de terra. As enxurradas acontecem quando a água das chuvas escoa para as partes mais baixas do relevo, muitas vezes, dando origem a valetas que podem atingir vários metros de profundidade. Os deslizamentos, por sua vez, ocorrem porque o solo fica saturado e pesado com a água das chuvas, o que provoca o deslocamento de grande quantidade de terra, sobretudo nas encostas mais íngremes. O desgaste causado pela água das chuvas recebe o nome de **erosão pluvial**.

Ricardo Azoury/Pulsar Imagens

Ação das águas dos rios – erosão fluvial

Existe também a ação da água dos rios, que recebe o nome de **erosão fluvial** e ocorre em áreas de maior declividade do terreno, onde há um escoamento mais rápido, provocando o desgaste do relevo e a ampliação da largura e da profundidade dos cursos de água. Já em áreas de menor declividade, nas quais o escoamento da água é mais lento, ocorre o acúmulo de sedimentos.

Rogério Reis/Pulsar Imagens

Ação das águas do mar – erosão marinha

Já a água do mar transforma o relevo litorâneo ao desgastar, por exemplo, a base de rochas e formar as chamadas falésias, paredões abruptos à beira-mar. A água do mar também deposita areia e cascalho ao longo do litoral, constituindo as praias e as restingas. A ação da água do mar sobre o relevo recebe o nome de **erosão marinha**.

Enxurrada causada por chuvas intensas no povoado de Mumbucas do Jalapão, Tocantins, em 2010 (foto **A**). Sedimentos acumulados pelas águas do Rio Branco, em Caracaraí, Roraima, em 2012 (foto **B**). Falésias no litoral de Tibau do Sul, Rio Grande do Norte, em 2013 (foto **C**).

callum parsons/Alamy/Latinstock

Ação das geleiras – erosão glacial

As geleiras são grandes massas de gelo que se formam em regiões muito frias, onde a quantidade de neve que cai é sempre maior que a quantidade que derrete. Nas regiões montanhosas, as geleiras se formam nos vales e nas encostas das altas montanhas. À medida que a neve cai, a geleira aumenta em volume e em peso. Isso a faz deslizar montanha abaixo, carregando grande parte das rochas, o que provoca o alargamento e o aprofundamento dos vales. A ação das geleiras sobre o relevo é denominada **erosão glacial**.

incamerastock/Alamy/Latinstock

Ação dos ventos – erosão eólica

Os ventos também podem atuar na transformação do relevo terrestre, em especial no litoral e no deserto, ao transportar areia e poeira de um lugar para outro, formando dunas. Eles também transformam o relevo quando as partículas de areia e poeira suspensas no ar colidem de modo contínuo com rochas e, lentamente, esculpem o relevo, originando, muitas vezes, formações rochosas curiosas, como arcos e monolitos. A ação dos ventos na modelagem do relevo terrestre é denominada **erosão eólica**.

monolito: formação rochosa constituída de um só bloco

Em áreas montanhosas, as geleiras são responsáveis por muitas transformações do relevo. Observe na foto acima, da Nova Zelândia, em 2014, como a geleira escavou um vale entre as montanhas (foto **D**). No Parque Nacional de Utah, nos Estados Unidos, a ação dos ventos deu origem a arcos rochosos como o que vemos acima, em foto de 2013 (foto **E**).

Dunas: o relevo que se move

As dunas são montes de areia que se formam pela ação dos ventos e migram de um lugar para outro. A areia, composta de grãos muito finos, é carregada pelo vento e acumula-se ao encontrar algum obstáculo, como grandes rochas ou vegetação. Ao atingir determinada altura, as dunas costumam desmoronar, reiniciando o processo.

As dunas compõem paisagens tanto do litoral quanto do interior dos continentes e podem atingir alturas variadas, como as do deserto do Saara, no continente africano, que chegam a mais de 400 m de altura.

No Brasil, essa forma de relevo se destaca na Região Nordeste. São famosas, por exemplo, as dunas da praia de Genipabu (RN), de Jericoacoara (CE) e as da região dos Lençóis Maranhenses (MA). Em alguns lugares, as dunas migram com o vento em direção às construções, o que, muitas vezes, obriga as pessoas a abandonar suas casas.

Dunas localizadas em Parnaíba, Piauí, em 2014. No detalhe, uma construção abandonada recoberta pelas dunas, em 2012.

J. L. Bulcão/Pulsar Imagens

Marcos Amend/Pulsar Imagens

A ação humana sobre o relevo

A ação do ser humano é um dos fatores externos que modificam o relevo e as paisagens terrestres mais rapidamente. O relevo pode ser transformado pela escavação para a construção de túneis, pelo corte ou aplainamento de encostas para a construção de edifícios ou estradas, por aterros e desmontes de morros e serras para a exploração de jazidas, entre outras ações humanas. Veja os exemplos a seguir.

jazida: depósito natural de um ou mais tipos de minério

Cesar Diniz/Pulsar Imagens

Na construção de **vias de transporte** (estradas, pontes, túneis, viadutos etc.), é preciso fazer várias adaptações no terreno, como escavações ou cortes.

Desse modo, o relevo é alterado nas áreas próximas às vias e arredores de acordo com a necessidade do trabalho. Observe na imagem ao lado obras em uma ponte na rodovia Cuiabá-Santarém, no Pará, em 2013.

Ação humana e deslizamentos de terra

Em grande parte do Brasil, as chuvas são abundantes, sobretudo nos meses mais quentes do ano. Essas precipitações podem causar intensos deslizamentos de terra, em especial em áreas de serras.

É comum ocorrer deslizamentos naturalmente, devido à erosão pluvial. Contudo, esses deslizamentos podem ser intensificados caso haja ocupação indevida em áreas de encostas de morros por pastagens, plantações, moradias ou outros tipos de construções. Veja como isso pode ocorrer no esquema a seguir.

Vivência e meio ambiente

Fernando Azevedo/Fotoarena

Em países tropicais como o Brasil, com altos índices de pluviosidade, as chuvas são importantes agentes modeladores do relevo. Em encostas íngremes, mesmo cobertas por vegetação, podem ocorrer deslizamentos, como mostrado nas imagens ao lado, em Petrópolis, Rio de Janeiro, em 2013 (detalhe) e na cidade de São Paulo (imagem maior), em 2011.

Thomaz Vita Neto/Pulsar Imagens

A **extração de minérios** é uma das atividades humanas que causam grandes alterações no relevo. Muitas vezes, morros inteiros são destruídos, grandes escavações são realizadas e cursos de rios são desviados. A fotografia acima mostra paisagem de uma mina de nióbio, em Araxá, Minas Gerais, em 2014.

Mauricio Simonetti/Pulsar Imagens

Os **aterros** são construídos por meio do depósito de materiais (terra, areia, rochas etc.) em áreas que necessitam de aplainamento ou avanço de terreno sobre o mar ou rios. A construção dos aterros modifica o relevo original e a paisagem. Na imagem acima, vemos que um aterro foi realizado para a construção de um píer na praia de Iracema, em Fortaleza, Ceará, em 2013.

Jorge Araujo/Folhapress

Atividades

Revisão

1 O que é erosão?

2 Quais são os agentes naturais e qual o agente não natural que desencadeiam a erosão?

3 Quais são as diferenças entre a erosão pluvial e a erosão fluvial?

4 Anote, no caderno, somente as palavras que estão relacionadas à erosão marinha:

vulcão • falésias • praias
dobras • magma • restingas

5 O que são dunas? E monolitos? O que essas duas formas de relevo têm em comum? Explique com base no que aprendeu neste capítulo.

6 Como as geleiras provocam transformações no relevo? Como se chama esse tipo de erosão?

7 Copie, no caderno, as frases a seguir, relacionando cada uma ao seu respectivo conceito: erosão fluvial, erosão pluvial, erosão eólica, erosão glacial e erosão marinha.

a) Erosão provocada pelos ventos.

b) Erosão provocada pela água do mar.

c) Erosão provocada pela ação das geleiras.

d) Erosão provocada pela ação das chuvas.

e) Erosão provocada pela água dos rios.

8 Você já tomou conhecimento de alguma transformação de relevo ocasionada por fatores externos? Escreva ou desenhe no caderno o que aconteceu. Pode ser um fenômeno que você tenha observado ou do qual tenha ficado sabendo por meio de notícias de jornais ou televisão.

Análise de texto e imagem e pesquisa

Vivência e meio ambiente

9 Ao utilizar um terreno em atividades urbanas ou rurais, a sociedade humana está constantemente transformando as paisagens terrestres e o espaço geográfico. No entanto, sem o devido planejamento, as modificações provocadas pelo ser humano podem, gradativamente, tornar esses lugares inaproveitáveis.

Leia o texto abaixo e observe na sequência das imagens da página seguinte um exemplo de como esse processo pode ocorrer em uma área agrícola.

Uma área coberta por vegetação está naturalmente protegida da ação direta das chuvas, que podem provocar a erosão do solo. A vegetação impede o impacto direto das gotas de chuva no solo, permitindo que a água seja lentamente absorvida pela terra e escoada para as partes mais baixas do relevo, desgastando-o lentamente (imagem **1**).

Porém, a ação humana tem acelerado os processos erosivos em diversas regiões do Brasil e do mundo, mediante várias práticas, como o desmatamento de extensas áreas para o uso agrícola e pecuário sem respeitar as margens de mananciais e represas, a aplicação de técnicas de cultivo e de criação que não protegem o solo e a exploração de minérios (imagem **2**).

Como consequência, quando a água das chuvas cai sobre o terreno desprotegido, formam-se as enxurradas, que retiram do solo as camadas mais férteis e provocam o aparecimento de voçorocas que podem atingir grandes dimensões. Dessa maneira, os terrenos tornam-se impróprios para a agricultura e a pecuária ou para a construção de habitações. Além disso, a terra levada em grande quantidade para os rios provoca a diminuição da profundidade de seus leitos (imagem **3**).

voçoroca: é o desmoronamento provocado pela ação subterrânea causada pela água da chuva, que se infiltra em terrenos permeáveis e circula ao atingir camadas de menor permeabilidade

A erosão provocada pela ação humana.

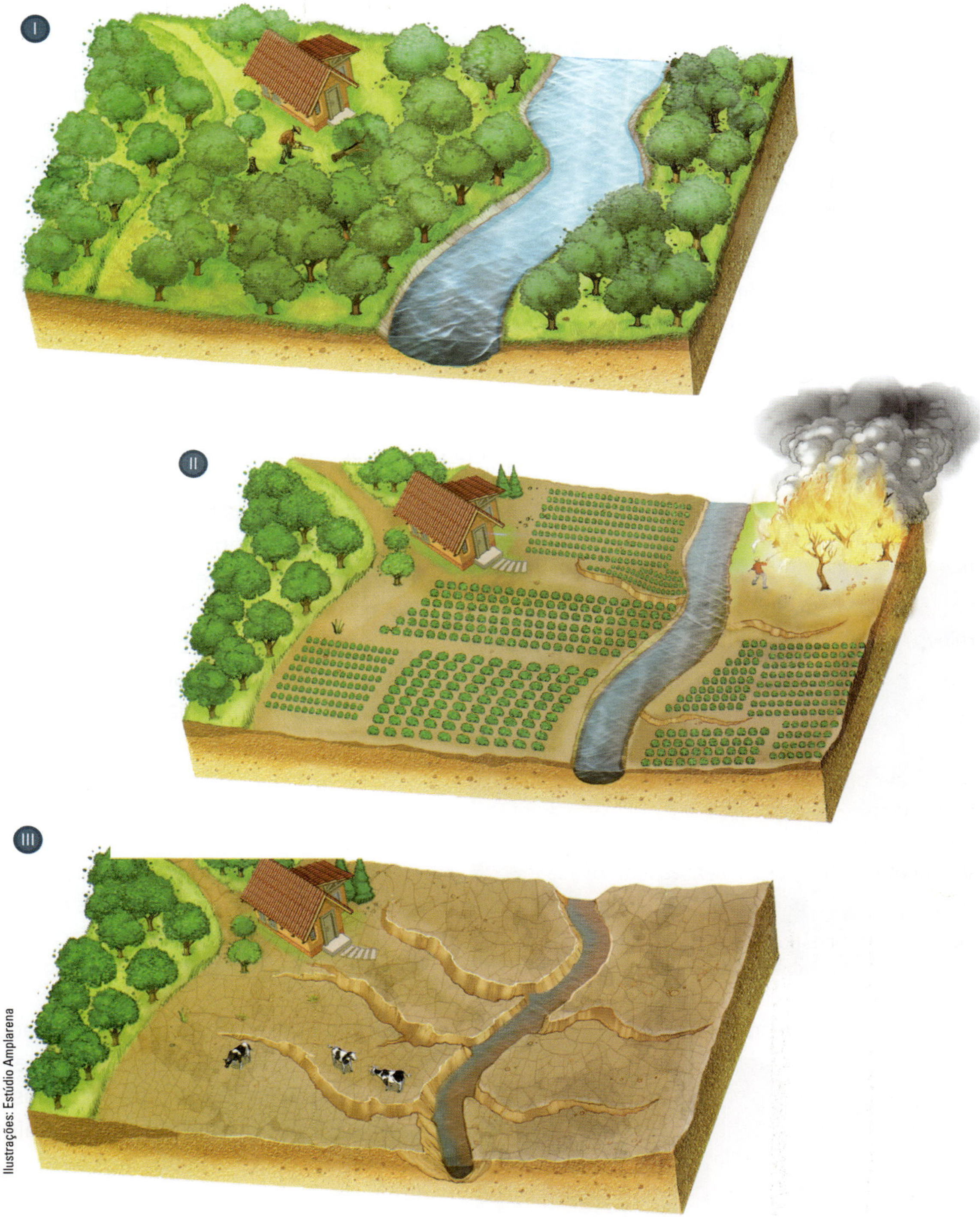

Ilustrações: Estúdio Amplarena

a) Por que um solo coberto por vegetação está naturalmente protegido da ação das chuvas?

b) De acordo com o texto, quais são as práticas humanas que têm acelerado a ocorrência dos processos erosivos?

c) Por que as enxurradas prejudicam os solos?

d) De que maneira a erosão também pode afetar os rios?

e) Pesquise em livros, revistas, enciclopédias e na internet informações sobre medidas que precisam ser tomadas para proteger o solo e evitar a ocorrência da erosão.

CAPÍTULO 14

A litosfera e seus recursos

O desenvolvimento da sociedade humana tem promovido o aumento da produção de alimentos, roupas, veículos, eletrodomésticos etc. A fabricação de todos esses produtos exige o uso de recursos naturais.

fauna: conjunto de espécies animais que crescem e se desenvolvem em determinada região

flora: conjunto de espécies vegetais que crescem e se desenvolvem em determinada região

Chamamos **recursos naturais** a todos os elementos disponíveis na natureza que podem ser utilizados pelo ser humano. A água, o ar, a energia solar, a fauna e a flora são exemplos de recursos naturais. Os solos, as rochas e os minerais que compõem a litosfera também estão entre os recursos naturais mais utilizados atualmente pela sociedade.

Recursos naturais renováveis e não renováveis

Os recursos naturais podem ser agrupados em duas categorias:

Thomaz Vita Neto/Pulsar Imagens

- **Recursos naturais renováveis**: aqueles que podem ser repostos pela natureza em um período de tempo relativamente curto ou conservados pela ação humana. A água, o solo e as florestas são alguns desses recursos que, se usados de forma cuidadosa pela sociedade, podem ter sua preservação prolongada.

Árvores e outros tipos de vegetais podem ser cultivados pelo ser humano e utilizados como fontes de matéria-prima. Atualmente, paisagens de grandes áreas de reflorestamento são cada vez mais comuns. Ao lado, plantação de pinus e eucalipto em Sacramento, Minas Gerais, em 2014.

Rubens Chaves/Pulsar Imagens

- **Recursos naturais não renováveis**: aqueles que não podem ser repostos pela natureza em um curto período de tempo nem recriados pela ação humana. O petróleo, o ferro e o alumínio são recursos que, ao serem aproveitados, vão diminuindo de quantidade na natureza. Alguns podem se esgotar rapidamente quando explorados em excesso.

Minérios como o ferro são importantes matérias-primas para os mais diversos produtos. Recursos como esses, no entanto, existem em quantidade limitada na natureza, e alguns deles podem acabar rapidamente se forem utilizados em excesso. Ao lado, área de extração de ferro em Congonhas, Minas Gerais, em 2014.

Recursos naturais como recursos econômicos

Os recursos naturais não estão distribuídos de maneira uniforme no planeta. Alguns países desfrutam de maior quantidade de recursos naturais. No Brasil, há florestas extensas, rios abundantes, solos agricultáveis e também importantes reservas minerais.

Por ter alguma finalidade ou valor para o ser humano, os recursos naturais também são considerados recursos econômicos. Os solos, por exemplo, tornaram-se recursos econômicos porque podem ser utilizados para a produção de alimentos por meio do cultivo de lavouras e de pastagens para a criação de animais.

O solo e a produção de alimentos

Um dos recursos da natureza mais importantes para a humanidade é o solo, onde as plantas fixam suas raízes e dele retiram a água e os nutrientes necessários para seu crescimento. É no solo que os seres humanos cultivam alimentos, como cereais, frutas, legumes e verduras, e formam pastagens para a criação de animais.

O solo é formado principalmente pela decomposição das rochas. Esse processo deve-se, sobretudo, à ação do calor solar, dos ventos e da água das chuvas, de microrganismos (bactérias e fungos), de animais, como minhocas, formigas e cupins, além da ação de plantas.

O aproveitamento do solo pelo ser humano resulta na formação de diferentes paisagens no planeta. Áreas de solos férteis, por exemplo, podem se transformar em campos agrícolas e pastoris, como mostra a fotografia ao lado.

Gerson Gerloff/Pulsar Imagens

Plantação de trigo em São Martinho da Serra, Rio Grande do Sul, em 2012.

Recursos econômicos e matérias-primas

Muitos recursos econômicos também são utilizados como matérias-primas. Veja, a seguir como a bauxita, uma matéria-prima de origem mineral, pode ser transformada em alumínio.

Da bauxita ao alumínio

1

A bauxita é o minério do qual se extrai a alumina, matéria-prima para a fabricação do alumínio. A bauxita é retirada da área de mineração e passa por um processo industrial chamado refino, por meio do qual se obtém a alumina.

2

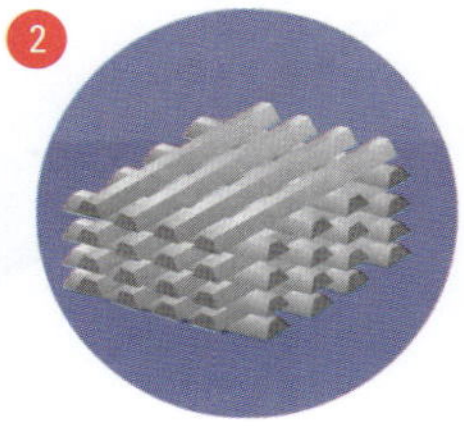

Em seguida, a alumina passa por um processo chamado redução, que permite, na fase de finalização, a produção de pequenos blocos de alumínio chamados lingotes.

3

Depois, o alumínio passa por outros processos que o transformam em matéria-prima para a fabricação de vários produtos. Neste exemplo, vemos um rolo de folhas de alumínio.

4

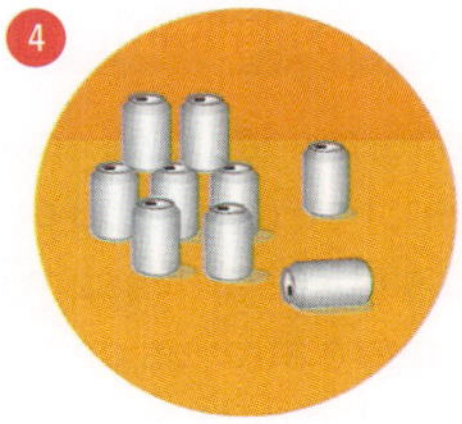

O alumínio pode ser utilizado na fabricação de latas de refrigerante, embalagens de medicamentos e de alimentos, peças de automóvel, entre muitos produtos.

Ilustrações: Bruno Santos

O aproveitamento das rochas e dos minerais

As rochas, e os minerais que as compõem, são recursos da litosfera muito explorados pelo ser humano.

As **rochas** podem ser formadas por aglomerados de vários minerais ou por apenas um deles, e são encontradas em estado natural na crosta terrestre. De acordo com sua origem, as rochas são classificadas em magmáticas, sedimentares e metamórficas.

As ilustrações a seguir representam, de maneira esquemática, a formação de cada tipo de rocha na natureza. A representação da casa exemplifica como o ser humano utiliza as rochas e os minerais.

Ilustrações produzidas com base em: James F. Luhr (Ed.). *Earth*: the definitive visual guide. London: Dorling Kindersley, 2007. p. 80-1.

Veja algumas matérias-primas dos materiais utilizados nessa casa.

1. **Telhado**: argila (telha).
2. **Paredes**: argila (tijolo), calcário (cimento, cal), quartzo (areia).
3. **Fundações**: calcário (cimento), quartzo (areia), basalto (brita).
4. **Pilares**: calcário (cimento), quartzo (areia), basalto (brita).
5. **Janela**: ferro ou alumínio.
6. **Azulejos**: argila.
7. **Louças sanitárias**: argila.
8. **Calha**: ferro e zinco.
9. **Piso cerâmico**: argila.
10. **Pia de pedra**: mármore, granito.

Os minerais que compõem as rochas da litosfera estão entre os recursos econômicos mais explorados pelo ser humano. Depois de extraídos da natureza, são transformados pelas indústrias e utilizados na fabricação de eletrodomésticos, automóveis, joias e computadores, entre outros produtos. Os minérios também são muito usados na construção de casas, edifícios, pontes e estradas.

Rochas magmáticas

São formadas pela solidificação do magma no interior da crosta ou pela solidificação das lavas que extravasam para a superfície terrestre através de erupções vulcânicas. São exemplos dessas rochas o basalto e o granito. Algumas delas, como o granito, são também denominadas rochas cristalinas, pois apresentam minerais cristalizados.

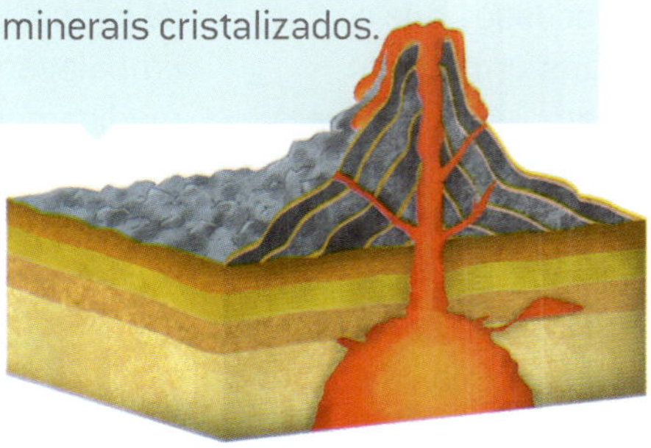

Somma Studio

R. R. Rufino/ ASC Imagens

O basalto é uma rocha magmática, de cor escura, muito empregada na pavimentação de calçadas, ruas e estradas rurais, e também como brita na construção civil.

Rochas metamórficas

São formadas pela transformação de rochas magmáticas ou sedimentares. Quando essas rochas são expostas a níveis elevados de temperatura e pressão, perdem suas características originais e se transformam em rochas metamórficas. São exemplos dessas rochas o mármore, a ardósia e o gnaisse.

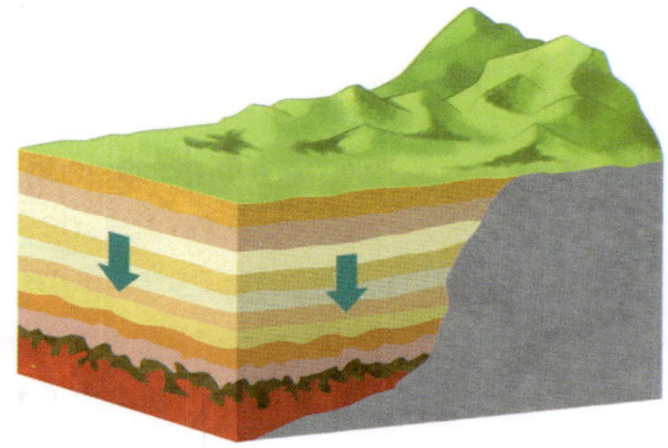

Somma Studio

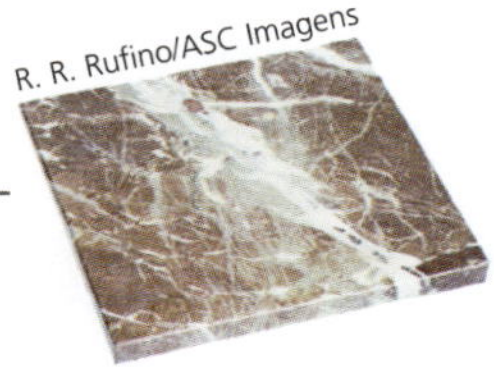

R. R. Rufino/ASC Imagens

O mármore é uma rocha metamórfica formada pela transformação do calcário, rocha de origem sedimentar. O mármore é bastante utilizado em construções como revestimento de pisos, paredes e bancadas.

Studio Caparroz

Rochas sedimentares

Originam-se nas partes mais baixas do relevo, pelo acúmulo de sedimentos desagregados, ou seja, partículas fragmentadas de outras rochas ou de matéria orgânica que podem ser transportadas pelo vento ou pela água e depositadas em diferentes locais. Após milhares de anos, os sedimentos mais profundos unem-se em razão da grande pressão exercida pelos sedimentos depositados nas camadas superiores, dando origem às rochas sedimentares. São exemplos dessas rochas a argila, o calcário e o arenito.

Simon Krzic/Thinkstock/Getty Images

A argila é uma rocha sedimentar formada por grãos muito finos, amplamente empregada na produção de tijolos e telhas, assim como na fabricação de azulejos, potes, vasos e outros tipos de cerâmica.

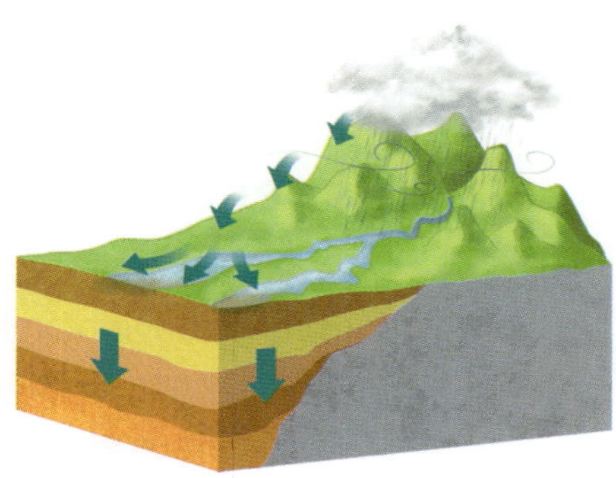

Somma Studio

Você pode comprovar a importância das rochas para a sociedade. Observe lugares onde elas são empregadas na escola e em outras construções. Faça, no caderno, uma relação dos tipos de rocha que encontrou e como são utilizadas. Compare a sua relação com a dos colegas.

Os recursos minerais brasileiros

O Brasil está entre os países que possuem as maiores e mais variadas reservas minerais do planeta. Esse fato se deve, em grande parte, à extensão de seu território e à composição de suas rochas. Atualmente, o Brasil explora cerca de 50 minérios diferentes, destacando-se na produção mundial de ferro, manganês, estanho e bauxita, entre outros (veja a tabela abaixo).

No entanto, existem certos minérios, como a prata, o enxofre e o mercúrio, que não são extraídos em quantidade suficiente para abastecer o consumo interno e, por esse motivo, são importados. O mapa a seguir mostra a localização das principais jazidas minerais e regiões extrativas no território brasileiro.

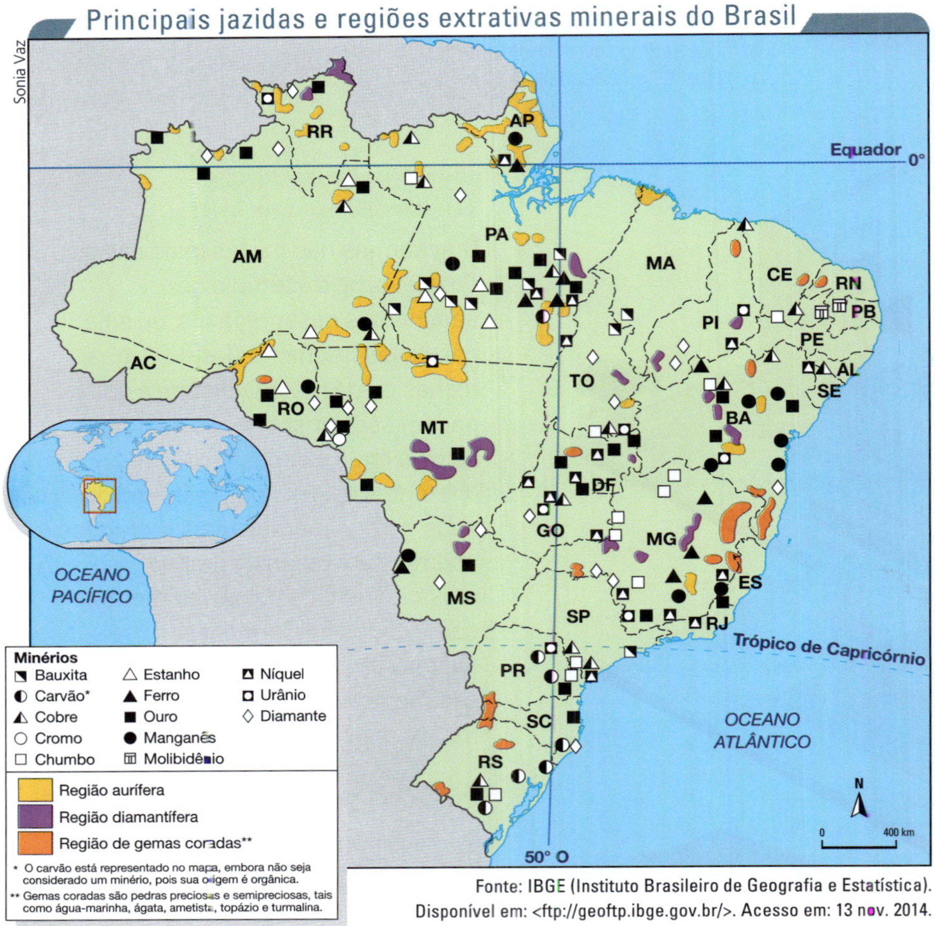

Fonte: IBGE (Instituto Brasileiro de Geografia e Estatística). Disponível em: <ftp://geoftp.ibge.gov.br/>. Acesso em: 13 nov. 2014.

Posição do Brasil na produção mundial de minérios	
Colocação na produção mundial	Minério
5º	Manganês
3º	Bauxita
3º	Ferro
5º	Cromo
5º	Estanho
6º	Cobre
13º	Ouro

Fonte: DNPM (Departamento Nacional de Produção Mineral). Disponível em: <http//dnpm.gov.br/>. Acesso em: 11 fev. 2015.

Os recursos energéticos fósseis

combustão: queima de um corpo produzindo calor e luz

Além dos minerais, podem ser encontrados na litosfera os recursos energéticos fósseis de origem orgânica, que apresentam a propriedade de liberar grande quantidade de energia quando levados à combustão.

Os recursos energéticos fósseis são usados para gerar a energia que movimenta máquinas de fábricas e meios de transporte (aviões, navios, carros, ônibus e trens). Eles servem, também, de matéria-prima para a fabricação de diversos produtos.

Esses recursos são essenciais para o crescimento de um país, pois estão incluídos na execução de muitas atividades industriais, comerciais ou agrícolas. Os principais recursos energéticos fósseis utilizados atualmente são o petróleo e o carvão.

O petróleo

O petróleo é extraído em estado líquido de depósitos naturais do subsolo, onde também se encontram outras substâncias energéticas fósseis, como o gás natural e o xisto betuminoso.

Diariamente, milhões de barris de petróleo bruto são extraídos no mundo. Depois, esse recurso é transportado das áreas de extração para as refinarias, como são chamadas as indústrias que transformam o petróleo bruto em vários subprodutos, principalmente gasolina, óleo *diesel* e querosene, combustíveis que movimentam a maioria dos meios de transporte.

O petróleo também é utilizado na geração de energia elétrica e na fabricação de produtos como plásticos, borrachas sintéticas, asfalto, fertilizantes e fibras. Observe o esquema abaixo.

xisto betuminoso: rocha sedimentar da qual se pode extrair óleo e gás

barril: unidade de medida que equivale a 159 litros de petróleo

Produtos derivados do petróleo

Bruno Santos

Fonte: BRASIL Ministério da Defesa. Instituto de Estudos Avançados. Disponível em: <www.ieav.cta.br/enu/yuji/fosseis.php>. Acesso em: 9 abr. 2012.

? Embora não possamos perceber diretamente, o petróleo está presente em nosso dia a dia na forma dos mais diversos produtos, fabricados com seus derivados, como canetas ou brinquedos feitos de plástico. Converse com o professor e os colegas sobre outros produtos que utilizamos diariamente e que são derivados do petróleo.

Da plataforma de exploração ao posto de gasolina

Depois de extraído, o petróleo passa por várias etapas de transformação até ser consumido. Veja.

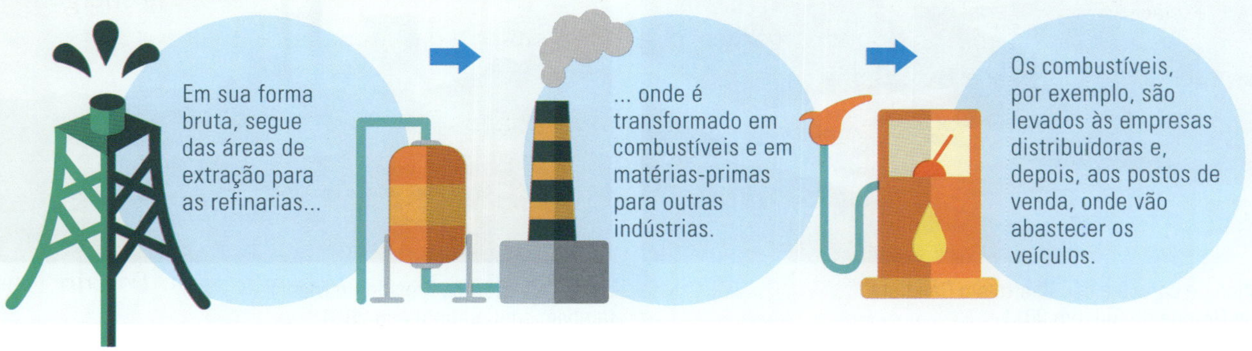

Ilustrações: Somma Studio

O petróleo no Brasil

O petróleo responde por aproximadamente 40% da energia consumida no Brasil, o que demonstra a importância desse recurso energético para o país.

Nos últimos anos foram realizados grandes investimentos em pesquisa e exploração de petróleo com o objetivo de atender à demanda interna do país pelo produto. Com a descoberta de novas jazidas e novas áreas de produção, o volume de petróleo explorado no país ainda é menor do que o volume consumido internamente.

As jazidas, também chamadas bacias, estão localizadas em áreas de rochas sedimentares no continente e no oceano (na plataforma continental).

Principais áreas produtoras de petróleo e refinarias no Brasil

Sonia Vaz

Fonte: PETROBRAS. Disponível em: <www.petrobras.com.br>. Acesso em: 14 set. 2014.

Verifique no mapa ao lado a localização das principais áreas produtoras de petróleo no Brasil, tanto no continente como no oceano.

O carvão

Centenas de milhões de anos atrás, extensas florestas existentes em regiões de lagos e pântanos foram soterradas. Com o passar do tempo, a matéria orgânica dessas florestas, rica em carbono, transformou-se em um material rochoso denominado **carvão**.

O carvão é a principal fonte de energia utilizada para aquecer os altos-fornos das siderúrgicas onde o aço é fabricado. Também é usado na geração de energia em usinas termelétricas e na indústria química para a produção de corantes, explosivos, inseticidas, plásticos, medicamentos e fertilizantes.

termelétrica: indústria que produz energia elétrica pela força do vapor em alta pressão gerado pela queima de algum tipo de combustível (carvão, petróleo ou gás)

Com baixa produção e com grande quantidade de impurezas, o carvão nacional é misturado ao carvão importado, que apresenta maior concentração de carbono. Os principais fornecedores do carvão consumido no Brasil são Estados Unidos, Austrália, Colômbia, Canadá e África do Sul.

Fabio Colombini

Mina de carvão a céu aberto em Candiota, Rio Grande do Sul, em 2011.

Ale Ruaro/Pulsar Imagens

Usina termelétrica Presidente Médici, também em Candiota, em 2014.

O esgotamento das jazidas

Há aproximadamente dois séculos, com o constante desenvolvimento de técnicas de extração, os minérios e os recursos energéticos fósseis são retirados da natureza em grande quantidade. Como a maioria desses recursos não é renovável, se a exploração continuar no ritmo atual, muitos deles poderão se esgotar em poucas décadas.

O gráfico abaixo indica a duração estimada de alguns minérios de acordo com o consumo e as reservas disponíveis atualmente no mundo.

Estimativa de esgotamento de minérios

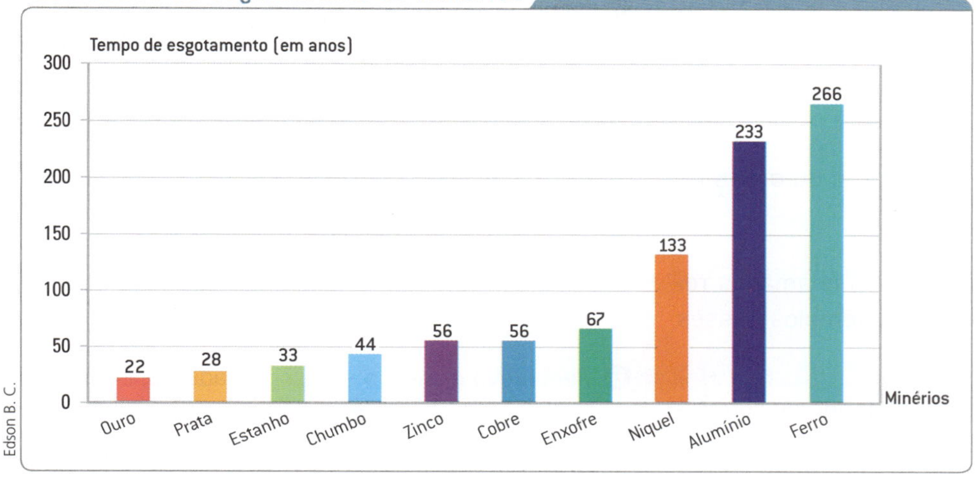

Fonte: Wilson Teixeira et al. *Decifrando a Terra*. São Paulo: Oficina de Textos, 2000. p. 469.

Reutilização e reciclagem

Embora vários recursos minerais não renováveis possam se esgotar em poucas décadas, novas tecnologias já permitem a substituição de muitos deles por materiais alternativos, como borrachas e fibras sintéticas. Além disso, muitos desses recursos podem ser reutilizados pela sociedade. Por isso, atualmente é comum vermos em diversos produtos o símbolo usado para indicar que é possível sua reciclagem (observe o símbolo ao lado).

O vidro demora cerca de 4 mil anos para se decompor na natureza. Entretanto, é um dos produtos que podem ser reutilizados e reciclados pela sociedade. Praticamente todos os produtos feitos com vidro podem ser reciclados: garrafas, frascos, copos, embalagens em geral etc.

O esquema ao lado mostra as etapas de reciclagem e reaproveitamento do vidro.

Etapas da reciclagem do vidro

? Como você pode contribuir para o processo de reaproveitamento e reciclagem do vidro? E de outros produtos? Converse com os colegas sobre esse assunto e liste no caderno as ideias que surgirem.

Vivência e meio ambiente

Atividades

Revisão

1 Defina no caderno:

a) recursos naturais renováveis;

b) recursos naturais não renováveis.

2 Escreva no caderno o nome dos recursos naturais abaixo, separando-os em dois grupos:

grupo 1 - recursos naturais renováveis

grupo 2 - recursos naturais não renováveis

ferro • água • petróleo • floresta • ouro • solo

3 Por que os recursos naturais são chamados recursos econômicos? Cite três exemplos desses recursos econômicos.

4 Copie as frases a seguir, completando-as corretamente no caderno.

a) As rochas ○ são formadas pela solidificação do magma no interior da crosta ou da lava na superfície terrestre.

b) As rochas ○ originam-se nas partes mais baixas do relevo pelo acúmulo e união de sedimentos ao longo de milhares de anos.

c) As rochas ○ são formadas pela transformação de rochas já existentes.

5 Observe o mapa da página **132** e cite o nome de cinco minerais explorados em nosso país e de pelo menos dois estados onde eles são explorados.

6 Analisando o mapa da página **132**, verifique se no estado onde você vive há jazidas minerais. Quais são elas?

7 A sociedade atual é extremamente dependente do petróleo, recurso energético fóssil utilizado como fonte de energia e empregado como matéria-prima para a fabricação de diversos produtos.

Cite cinco produtos derivados do petróleo, ou seja, que são fabricados a partir dele.

8 Reescreva o texto a seguir no caderno, corrigindo as informações incorretas.

O carvão é formado por animais que entraram em decomposição há alguns anos, tendo em sua composição grande quantidade de oxigênio.

9 As reservas mundiais de minérios estão diminuindo rapidamente. Por que o esgotamento das jazidas minerais representa um grande problema para a sociedade?

Atividades de compreensão

10 Os recursos naturais que você utiliza, na maioria das vezes, já foram transformados em diferentes produtos. Faça uma relação de três recursos naturais renováveis e de três não renováveis presentes em produtos que você utiliza diariamente. Não se esqueça de relacionar o nome dos produtos em que esses recursos foram transformados. Compare sua lista com a dos colegas.

11 O solo é um elemento da natureza muito importante para a sociedade.

Comente essa afirmação e faça uma lista de algumas utilidades do solo para as pessoas.

12 O petróleo é um recurso energético tão importante que fica difícil imaginar nossa sociedade sem ele.

A afirmação acima é verdadeira? Justifique sua resposta.

Análise de texto

13 [...] Sem cálcio para nossos ossos, ferro para nosso sangue e sal para nossas lágrimas, não nos seria possível passear à beira-mar, ao sol, sob o céu azul.

Jonathan Weiner. *Planeta Terra*. São Paulo: Martins Fontes, 2001. p. 261.

Vivência e saúde

Alguns minerais são muito importantes para a nossa saúde. Escolha um dos minerais citados no texto e pesquise, em livros, revistas ou na internet, os benefícios dele para nosso organismo. Descubra também alguns alimentos ricos nesse mineral.

Campanha de reutilização

Vivência e cidadania

14 Leia atentamente os textos a seguir.

Tem solução?

Que destino podemos dar ao lixo sem afetar o meio ambiente e a saúde humana? Há várias atitudes que podemos tomar para limitar o impacto gerado pelo lixo, como colocarmos em prática os "3R": reduzir, reutilizar e reciclar. Veja.

Reduza

Diminua a quantidade de lixo que produz diariamente. Utilizar uma sacola de pano para fazer compras, por exemplo, diminui a grande quantidade de sacolas plásticas fornecidas pelos mercados.

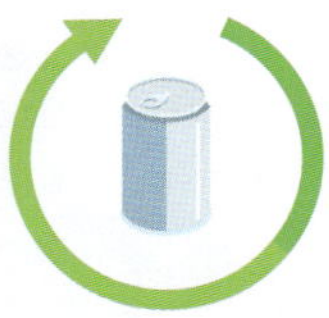

Reutilize

Reaproveite muitos objetos antes de jogá-los no lixo. Embalagens já usadas, por exemplo, podem se tornar porta-objetos, peças decorativas, brinquedos etc. O papel da impressora também pode ser utilizado dos dois lados.

Recicle

Promova a coleta seletiva de lixo, separando materiais plásticos, vidro, papel e metal. Assim, esses materiais podem ser utilizados na fabricação de novos produtos, além de diminuir a quantidade de lixo nos aterros e lixões.

Ilustrações: R. Hatadani

Conheça os principais materiais recicláveis

Papel
Embalagens, caixas de papelão, jornais, revistas, folhas de caderno, envelopes, rascunhos, papel de embrulho etc.

Plástico
Garrafas de refrigerante e de água, brinquedos, tampas, potes e frascos, copos descartáveis, sacolas plásticas etc.

Metal
Latinhas, tampas e panelas, clipes, parafusos, ferragens, produtos metálicos (aço, alumínio, ferro, bronze) etc.

Vidro
Vidros de conserva, garrafas de bebidas em geral, copos, pratos, potes, cacos de vidro etc.

Ilustrações: Bruno Santos

Ao reutilizarmos alguns materiais, contribuímos para economizar as matérias-primas renováveis e principalmente as não renováveis, como ferro, alumínio e petróleo. Para saber como isso é possível, siga as orientações abaixo:

I) Escolha um ou mais objetos, como copos ou sacos plásticos, garrafas ou latas de refrigerante, entre outros materiais descartáveis.

II) Crie uma nova utilidade para eles. Invente brinquedos, enfeites para sua casa e outros objetos com diferentes fins.

III) Use a criatividade e você verá quantas ideias irão surgir! Monte uma exposição dos objetos com os colegas e incentive outras pessoas que você conhece a fazer o mesmo.

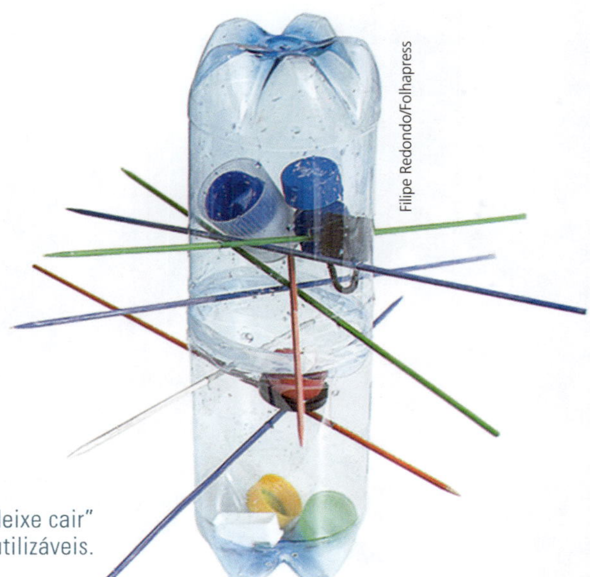

Filipe Redondo/Folhapress

Brinquedo chamado "Não deixe cair" confeccionado com materiais reutilizáveis.

UNIDADE V

A AÇÃO DAS ÁGUAS E AS PAISAGENS DA TERRA

Menina bebendo água.

PeopleImages.com/Getty Images

A água esculpe as paisagens da Terra, transformando-as. Além disso, está presente em diferentes momentos do nosso dia a dia, pois é essencial para os seres vivos.

1. Como a água está presente na fotografia acima?

2. Cite formas em que a água é essencial para a sociedade humana e para os demais seres vivos.

3. Você já utilizou água hoje? Para quê?

4. Imagine: Como seria seu dia sem água?

CAPÍTULO 15

As águas continentais

? A água é um dos principais elementos responsáveis pelo desenvolvimento dos organismos vivos e pelas características da superfície terrestre. Você sabe como a água surgiu na Terra? Será que, algum dia, ela pode acabar?

Ainda que circule em vários estados físicos, a água do nosso planeta apresenta sempre o mesmo volume: cerca de 1 bilhão e 600 milhões de quilômetros cúbicos (km³). Veja abaixo.

Distribuição de água na Terra	
97%	oceanos e mares
0,78%	solo e subsolo
1,74%	geleiras e calotas polares
0,08%	lagos, rios e pântanos
0,001%	atmosfera (nuvens e vapor de água)

Fonte: Aroldo da Cunha Rebouças et al. (Orgs.). *Águas doces no Brasil:* capital ecológico, uso e conservação. São Paulo: Escrituras, 2002. p. 8.

A porção da hidrosfera localizada nas terras emersas constitui as **águas continentais**. Elas podem se apresentar na forma de rios, lagos, geleiras e depósitos subterrâneos, os quais são a mais importante fonte de água potável do planeta.

As teorias mais aceitas atualmente afirmam que a água surgiu com o resfriamento da superfície terrestre.

No início de sua formação, a Terra era muito quente, o que permitia que elementos mais leves, como gases e vapores de água, fossem expelidos do interior para a superfície do planeta.

Com o decorrer do tempo, essa superfície foi esfriando gradualmente e os vapores de água formaram espessas nuvens carregadas de gotículas, que passaram a cair de maneira abundante em forma de chuvas. Essas chuvas atingiram a superfície terrestre durante milhões de anos, originando rios, lagos e os primeiros oceanos do planeta.

O movimento da água na Terra

Desde que surgiu, a água está em constante movimento na natureza. Esse fenômeno é desencadeado pela energia do Sol, que aquece a água dos oceanos, rios e lagos, provocando, assim, mudanças em seu estado físico, seja ele líquido, gasoso ou sólido.

O deslocamento da água também ocorre em razão da gravidade terrestre, que a atrai das partes mais altas do relevo para as mais baixas, desgastando os terrenos e modificando as paisagens. Essa contínua circulação da água na Terra recebe o nome de **ciclo da água** ou **ciclo hidrológico**.

gravidade terrestre: atração que a Terra exerce sobre os corpos localizados em sua superfície e em seus arredores

Ciclo da água

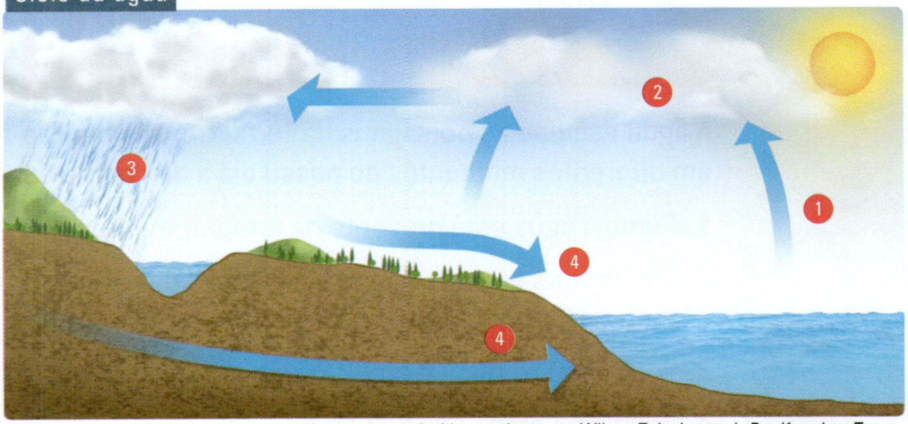

Ilustração produzida com base em: Wilson Teixeira et al. *Decifrando a Terra.* São Paulo: Oficina de textos, 2000. p. 114-5.

Giro pela Ciências

1. Observe a ilustração ao lado, que representa as etapas do ciclo da água de maneira esquemática.
2. Converse com os colegas e o professor sobre o que está ocorrendo em cada uma das etapas enumeradas.

A dinâmica dos rios e dos lagos

Os rios e lagos são muito importantes para os seres humanos, que sempre procuraram permanecer perto dessas fontes de água. Além disso, a dinâmica dos rios e dos lagos é um dos fatores fundamentais na caracterização de uma paisagem, pois influencia, por exemplo, as formas do relevo e os tipos de vegetação.

Os **rios** são cursos naturais de água que fluem, a partir da nascente, em direção às partes mais baixas do relevo, para desaguar em outro rio, em um lago ou no oceano. Os rios diferenciam-se de acordo com a forma do relevo por onde passam (regiões planas ou irregulares) e com o clima (regiões secas, chuvosas, entre outras).

Da mesma forma que os rios, os **lagos** apresentam extensão, profundidade e forma variadas. A imagem a seguir representa as partes de um rio e os lagos de uma paisagem.

Ilustração produzida com base em: *The Wonders Inside The Earth*. San Diego: Silver Dolphin, 2009. p. 72-3.

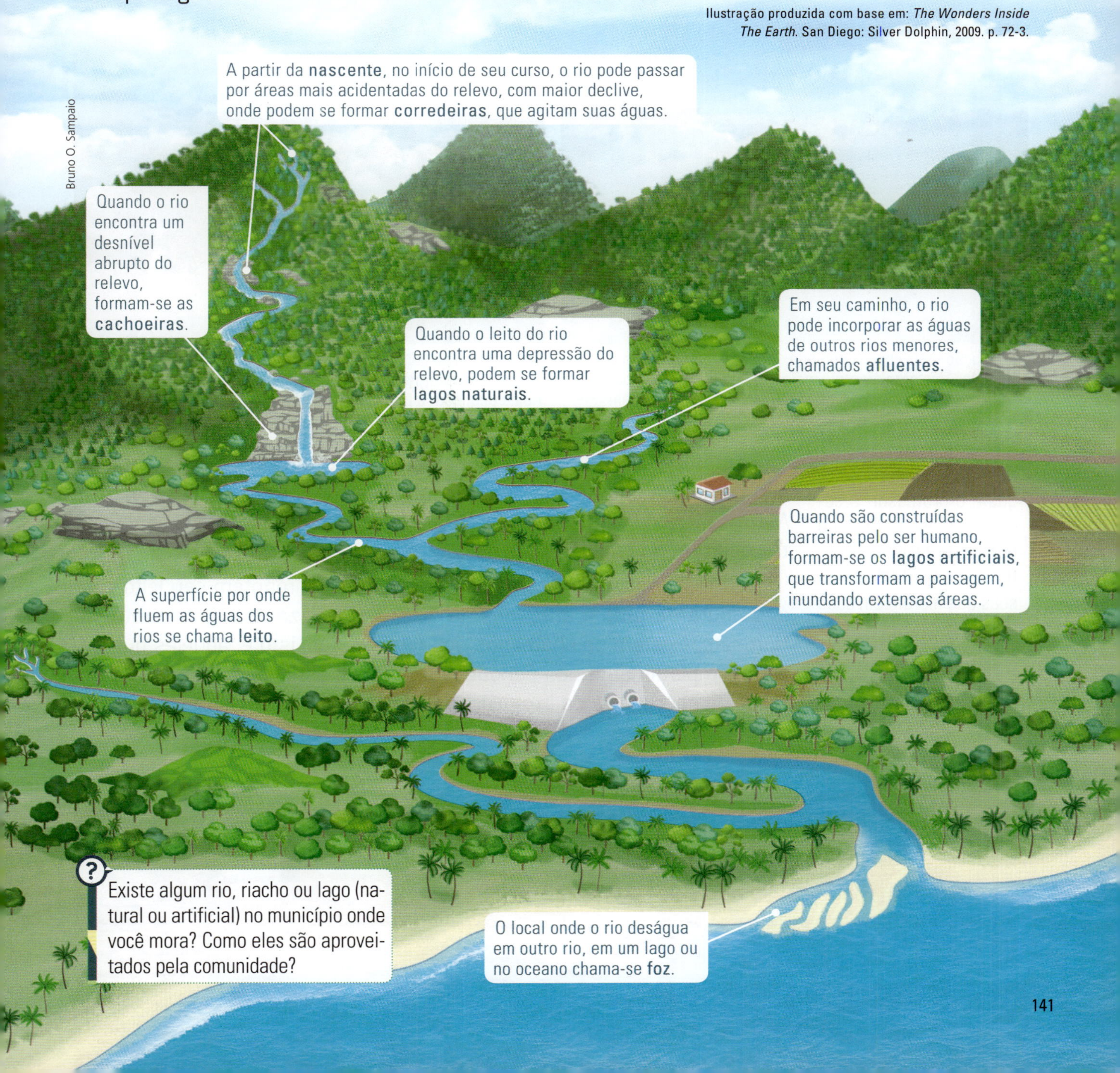

? Existe algum rio, riacho ou lago (natural ou artificial) no município onde você mora? Como eles são aproveitados pela comunidade?

Regime de um rio

O volume e o nível das águas de um rio variam durante o ano, de acordo com a quantidade de água que provém das chuvas ou do derretimento de neve. A variação periódica do volume e do nível das águas de um rio no decorrer do ano denomina-se **regime fluvial**.

O regime fluvial também contribui para a transformação das paisagens. Durante as cheias, por exemplo, as margens dos rios recebem sedimentos, que são importantes para nutrir e fertilizar o solo. Quando ocorrem as vazantes, muitas vezes surge uma nova vegetação, que serve de abrigo e alimento à fauna do lugar.

Veja como a paisagem se altera com o período de cheia e vazante de um rio, a exemplo do rio Tapajós em Santarém, Pará, em 2014.

Cheia e vazante de um rio

Delfim Martins/Pulsar Imagens

Na estação mais chuvosa do ano, a quantidade de água que chega aos rios geralmente é maior do que em outras épocas, dando origem às cheias. Nessas situações, os rios podem transbordar e inundar os terrenos de suas margens.

Delfim Martins/Pulsar Imagens

Por sua vez, na estação mais seca do ano, a quantidade de chuvas é menor. Por isso, a quantidade de água que chega aos rios é pequena, o que diminui seu volume e origina as vazantes.

Responda, com os colegas e o professor, à seguinte questão: Como o regime de um rio pode influenciar a vida das pessoas que moram em suas margens?

Grande parte dos rios brasileiros apresenta um regime que varia de acordo com a quantidade de chuvas que cai nas regiões que percorre. Assim, em geral, as cheias ocorrem na estação mais chuvosa e as vazantes ocorrem na estação mais seca.

No Brasil, a maioria dos rios é **perene**, ou seja, mantém seu leito com água durante todo o ano, mesmo durante as vazantes. Entretanto, no Nordeste, existem os chamados rios **temporários**, isto é, aqueles que secam completamente nos períodos de grandes estiagens. Isso ocorre em razão da escassez e da irregularidade das chuvas na região.

Luis Salvatore/Pulsar Imagens

Leito do Rio Vaza Barris, que é temporário, praticamente seco no período de estiagem, em Canudos, Bahia, em 2013.

As geleiras e o regime dos rios

Depois dos oceanos e mares, as geleiras concentram o maior volume de água do planeta. As **geleiras** são importantes reservas de água doce em estado sólido. Elas estão localizadas nos polos e nas regiões mais elevadas do relevo da Terra, as altas montanhas, onde o gelo se mantém perene.

Nas regiões polares, as chamadas geleiras continentais mantêm-se em razão das baixas temperaturas ocasionadas pela fraca incidência dos raios solares. Algumas delas podem ter milhares de metros de espessura. As geleiras das grandes cadeias montanhosas, por sua vez, se conservam por causa das baixas temperaturas que predominam nas elevadas altitudes.

Muitas dessas geleiras são responsáveis pela variação do nível e do volume das águas de alguns rios, por fornecerem grande carga líquida, sobretudo no verão, quando ocorre o seu degelo. O derretimento de geleiras dos Andes, por exemplo, influencia o regime dos rios da Amazônia, como explica o texto a seguir.

As geleiras andinas e a rede hidrográfica amazônica

De acordo com as últimas medições feitas por meio das imagens de satélites, o Rio Amazonas mede 6 992 km de extensão e, por isso, é considerado o rio mais extenso do mundo. Essas medições também comprovam que o Amazonas nasce na Cordilheira dos Andes, no Peru, com o nome de Ucayali (veja na foto em detalhe, de 2013), em decorrência do derretimento das geleiras da região, a mais de 5 mil metros de altitude. Observe abaixo.

Hughes Hervé/hemis.fr/AFP/Other Images

Ilustração produzida com base em: Paola Gentile. O Amazonas que não está nos livros. *Nova Escola*, São Paulo, n. 204, ago. 2007, p. 44-5.

Fotomontagem de Renan Fonseca com a composição de Nasa

A rede hidrográfica brasileira

1. O estado em que você vive está localizado em qual(is) região(ões) hidrográfica(s)?
2. Que rio(s) corre(m) por essa região?
3. Localize o principal rio que corre mais próximo de onde você vive e observe a extensão dele, comparando-a com a de outros rios brasileiros.

O conjunto formado por todos os rios perenes e temporários, assim como pelos lagos naturais e represas de um país, compõe a sua **rede hidrográfica**. A rede hidrográfica brasileira é uma das mais extensas do mundo, com milhares de rios, ribeirões, lagos, açudes e represas das mais variadas extensões e volumes de água. O Conselho Nacional de Recursos Hídricos (CNRH), órgão do Governo Federal, divide a rede hidrográfica brasileira em doze grandes **regiões hidrográficas**. Veja o mapa.

Grandes regiões hidrográficas do Brasil

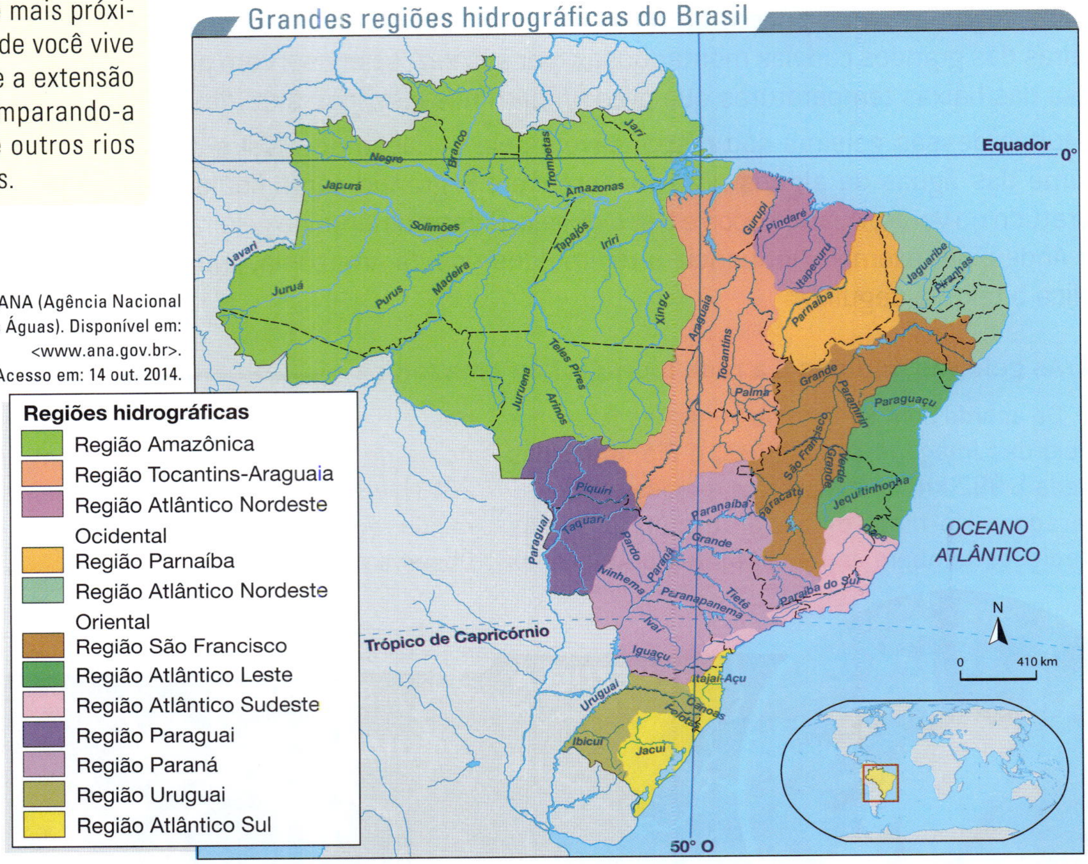

Fonte: ANA (Agência Nacional das Águas). Disponível em: <www.ana.gov.br>. Acesso em: 14 out. 2014.

As bacias hidrográficas

Cada região hidrográfica apresentada acima pode ser composta de uma ou mais bacias hidrográficas.

Bacia hidrográfica ou **bacia fluvial** é a porção da superfície terrestre banhada por um rio principal e seus afluentes. As partes mais elevadas do relevo em torno de uma bacia hidrográfica são chamadas **divisores de águas**. Eles separam uma bacia da outra e direcionam o escoamento da água das chuvas e dos rios (figura ao lado).

A água das chuvas que cai em uma bacia hidrográfica é drenada para o rio principal, que a despeja no mar ou em outro rio, caso faça parte de uma bacia maior. As bacias hidrográficas de grande extensão são formadas por bacias hidrográficas menores.

Bacia hidrográfica e divisor de águas

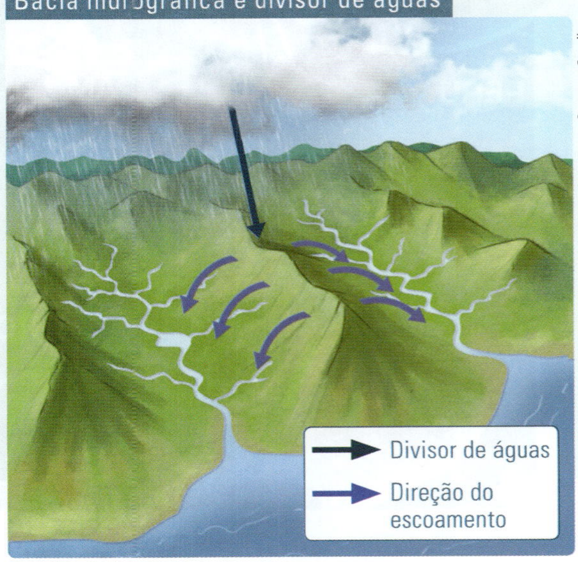

Ilustração produzida com base em: *A Terra*. São Paulo: Ática, 1994. p. 41.

As águas subterrâneas

Parte das águas das chuvas que caem na superfície terrestre infiltra-se no subsolo. Ao encontrar camadas de rochas impermeáveis, acumula-se e forma reservatórios chamados **lençóis subterrâneos** ou **aquíferos**. Alguns desses lençóis podem se tornar nascentes de rios ao aflorar em determinados locais da superfície.

Observe o esquema ao lado, que representa as águas subterrâneas, ou seja, que se encontram no subsolo.

(A) Quando os lençóis subterrâneos localizam-se mais próximos da superfície, a captação de água é feita mediante a perfuração manual de poços, com ferramentas simples, como pás e picaretas.

(B) Os lençóis localizados em camadas mais profundas do subsolo só podem ser alcançados com o uso de máquinas, por haver uma ou mais camadas de rocha impermeável de maior resistência.

Lençóis subterrâneos

Ilustração produzida com base em: Reed Wicander; James S. Monroe. *Fundamentos de Geologia*. São Paulo: Cengage Learning, 2009. p. 308.

A importância das águas continentais

As águas continentais são muito importantes para o sustento e o desenvolvimento da sociedade humana. Necessitamos de água para beber, lavar e cozinhar os alimentos, tomar banho etc.

A água também é necessária para a realização de atividades econômicas. Na agropecuária, por exemplo, a água mata a sede dos animais e irriga lavouras. Nas indústrias, a água é utilizada na lavagem de matérias-primas, no funcionamento e resfriamento de máquinas, na fabricação de alimentos, entre outras aplicações.

Para suprir todo esse consumo, é preciso explorar tanto as águas subterrâneas quanto as águas superficiais.

Grande parte da água utilizada no abastecimento da população das cidades vem de rios e lagos (naturais ou artificiais). Essa água é bombeada através de um sistema de tubulação para as estações de tratamento, onde é tratada até tornar-se potável (própria para o consumo). Então, a água é novamente bombeada por encanamentos até chegar às residências. A foto ao lado é de uma estação de tratamento de água na Serra da Cantareira, em São Paulo, em 2013.

O aproveitamento das águas dos rios

Nos rios que fluem sobre um relevo irregular, em leitos encachoeirados e com muitas corredeiras, as águas escoam de forma rápida das partes mais altas para as mais baixas do relevo. Eles podem ser aproveitados para gerar eletricidade, com a construção de usinas hidrelétricas. Nesse tipo de rio, a navegação é feita somente nos trechos sem corredeiras e cachoeiras ou onde são construídas barragens e eclusas para o represamento das águas.

eclusa: sistema de barragens construído para permitir o tráfego de embarcações em trechos onde o leito do rio apresenta desnível

Já os rios que fluem sobre um relevo relativamente plano não apresentam desníveis acentuados, escoando de maneira lenta, geralmente, em cursos sinuosos. Esses rios são mais propícios à navegação, pois costumam não oferecer obstáculos para o tráfego das embarcações.

Thomaz Vita Neto/Pulsar Imagens

Fotografia de uma embarcação transportando soja pela hidrovia Tietê-Paraná, em Barbosa, no estado de São Paulo, em 2013.

Mauricio Simonetti/Pulsar Imagens

O reservatório da usina hidrelétrica de Itaparica em Petrolândia, Pernambuco, localizado em região de relevo irregular, onde o Rio São Francisco é aproveitado para a geração de energia, em foto de 2012.

O potencial hídrico e a população brasileira

O Brasil é privilegiado em recursos hídricos, pois apresenta uma das mais extensas redes hidrográficas do mundo (veja novamente o mapa da página **144**). Entretanto, a distribuição desses recursos é bastante desigual entre as regiões do país. Observe os gráficos a seguir e compare o potencial hídrico das regiões brasileiras com a população correspondente a cada uma delas.

Potencial hídrico (por regiões)

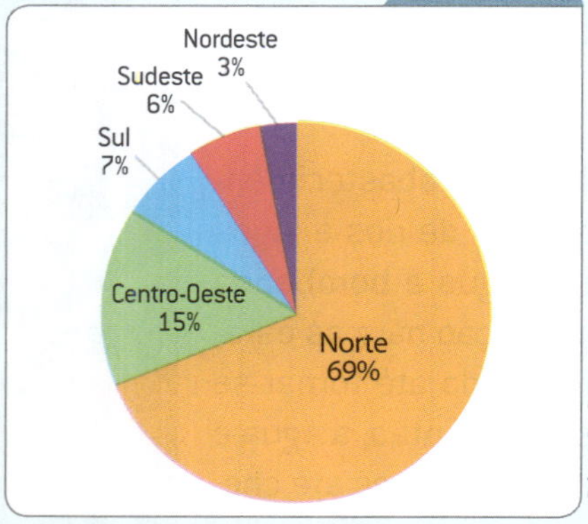

Edson B. C.

Fonte: Aroldo da Cunha Rebouças et al. (Orgs.). *Águas doces no Brasil:* capital ecológico, uso e conservação. São Paulo: Escrituras, 2002. p. 31.

População brasileira (por regiões)

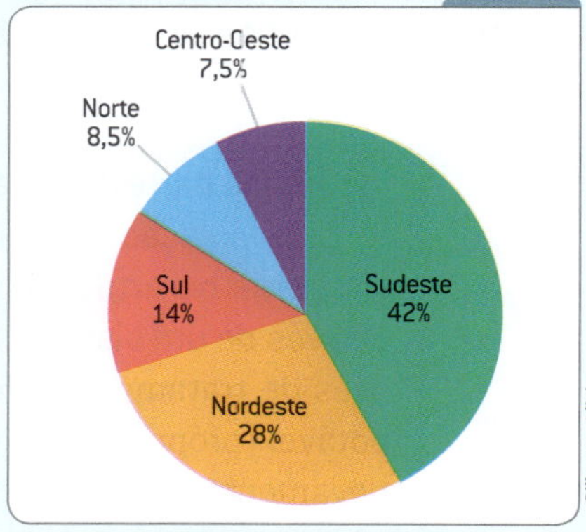

Gilberto Alicio

Fonte: IBGE (Instituto Brasileiro de Geografia e Estatística). Disponível em: <ftp://ftp.ibge.gov.br/>. Acesso em: 13 nov. 2014.

1. Qual é a região brasileira com maior potencial hídrico? Essa região está entre as mais populosas do país?
2. A região mais populosa do país dispõe do maior potencial hídrico?
3. Qual é a região do país com menor potencial hídrico?

Poluição das águas continentais

As reservas de água potável nos continentes estão diminuindo devido ao aumento do consumo, da irrigação de lavouras e da constante e intensa poluição dos rios, lagos e águas subterrâneas. Esse problema ocorre por causa da falta de cuidado com a água. O lançamento indiscriminado de substâncias poluentes, como dejetos e produtos químicos, nos rios e lagos torna as águas impróprias para o consumo e sua recuperação cada vez mais difícil.

Vivência e meio ambiente

dejeto: material fecal, excremento

Conheça a seguir as principais formas de poluição das águas continentais.

Causas da poluição das águas continentais

Bruno O. Sampaio

Ilustração produzida com base em: Wilson Teixeira et al. *Decifrando a Terra*. São Paulo: Oficina de Textos, 2000. p. 437-1.

1. **Agrotóxicos e fertilizantes**: a aplicação excessiva de agrotóxicos e fertilizantes na lavoura polui as águas continentais com substâncias químicas tóxicas, que podem permanecer durante anos no meio ambiente. Os produtos aplicados são carregados pela chuva, causando a poluição de rios e lençóis subterrâneos. Essa poluição é agravada por outras práticas impróprias, como a lavagem dos tanques dos pulverizadores diretamente nos cursos de água.

2. **Esgoto doméstico**: nas várias cidades onde não há sistema de tratamento de esgoto doméstico, diariamente são lançadas toneladas de dejetos humanos e de todo tipo de lixo nos rios e lagos, que se tornam fonte de proliferação de microrganismos causadores de inúmeras doenças, como a hepatite A ou o cólera.

3. **Resíduos industriais**: embora essa prática seja ilegal, indústrias do Brasil e do mundo todo não realizam o tratamento dos resíduos que produzem. Elas lançam diretamente em rios e lagos enorme quantidade de materiais tóxicos, como chumbo e mercúrio, que matam plantas, peixes e outros animais aquáticos.

Atividades

Revisão

❶ Observe novamente a representação do ciclo da água da página **140** e descreva no caderno cada uma das etapas numeradas.

❷ Com base na ilustração da página **141**, complete corretamente as frases abaixo no caderno.

a) ▢: lugar onde o rio nasce.

b) ▢: superfície por onde fluem as águas de um rio.

c) ▢: rio que despeja as águas em um rio maior.

d) ▢: lugar onde o rio deságua em outro rio, em um lago ou no oceano.

❸ O que significa regime fluvial?

❹ O que ocorre com o nível das águas de um rio na época das cheias? E na época das vazantes?

❺ Explique a diferença entre rios perenes e rios temporários.

❻ Observe novamente o mapa da página **144** e escreva no caderno o nome de cinco grandes regiões hidrográficas do Brasil e o nome de três importantes rios de cada uma delas.

❼ Utilize as palavras abaixo para escrever, no caderno, um texto explicando o que é bacia hidrográfica.

rio principal • superfície
banhada • afluentes

❽ Como se formam os lençóis subterrâneos ou aquíferos?

❾ Complete corretamente, no caderno, as frases abaixo de acordo com o que você estudou.

a) Os rios que apresentam leitos encachoeirados e muitas corredeiras podem ser mais aproveitados para ▢.

b) Os rios que fluem sobre um relevo relativamente plano e apresentam poucos desníveis podem ser mais aproveitados para ▢.

❿ Escolha uma das principais formas de poluição que afetam as águas continentais e escreva, no caderno, como ela ocorre.

Análise de história em quadrinhos e elaboração de cartaz

⓫ Xaxado, o menino de chapéu, mora no interior e vai visitar seu primo que vive em uma cidade grande. Leia com atenção na historinha abaixo uma das conversas entre os primos durante essa visita.

Antonio Luiz Ramos Cedraz. Xaxado. *A turma do Xaxado*. Salvador: Cedraz, v. 4, 2005. p. 10.

Vivência e cidadania

a) Qual é a principal mensagem dessa história em quadrinhos?

b) O que o menino do interior quer dizer com "falta de consciência"?

c) O desperdício de água pode ser evitado por todos nós em nosso dia a dia. Converse com os colegas sobre atitudes que evitam o desperdício de água e os gastos desnecessários no dia a dia. Aproveitem para refletir sobre como vocês estão fazendo uso da água.

d) Conversem sobre as formas de desperdício de água que estão acontecendo no dia a dia da escola e de casa. Com base nessa conversa, elaborem cartazes com dicas para evitar gastos desnecessários de água. Afixem os cartazes próximos a banheiros, bebedouros e torneiras da escola para que todos possam seguir as dicas.

Atividades de compreensão

12 Nasci hoje. Brotei, fiozinho d'água, do meio de seixos e gramíneas. E deslizo, suave e frágil, pela encosta, enrodilhando e buscando caminho entre pedras e torrões.

Mauricio de Sousa. *Sou um rio.* Disponível em: <http://turmadamonica.uol.com.br/>. Acesso em: 11 fev. 2015.

Com base no texto acima, descreva as partes de um rio estudadas neste capítulo.

13 Imagine-se um praticante de canoagem que vai fazer um passeio no final de semana por um rio de seu município. Escreva uma narrativa contando essa aventura na descida de um rio, utilizando termos que você aprendeu no estudo das águas continentais.

14 [...] O rio no verão ficava seco de se atravessar a pé enxuto. Apenas, aqui e ali, pelo seu leito, formavam-se grandes poços, que venciam a estiagem.

José Lins do Rego. *Menino de engenho.* Rio de Janeiro: José Olympio, 2006. p. 24.

O texto refere-se ao Rio Paraíba, localizado no estado de mesmo nome, no Nordeste brasileiro. Faça um comentário sobre o regime desse rio, de acordo com a descrição apresentada.

15 Faça um desenho representando uma das utilidades das águas continentais, subterrâneas ou da superfície, para a vida dos seres humanos. Depois, escreva uma legenda explicando sua importância.

16 Existe alguma forma de poluição nos rios, lagos ou águas subterrâneas, próximos ao local onde você mora? Caso o problema exista, o que pode ser feito para solucioná-lo?

Trabalho com representações

17 Observe o mapa abaixo, que representa a bacia hidrográfica do Rio Paraná, uma das maiores e mais importantes do nosso país.
No caderno, associe cada número indicado no mapa com o termo correspondente, entre os que constam a seguir. Depois crie uma **legenda** para o mapa com os números e os termos correspondentes.

rio principal • nascentes • divisões de águas • afluentes

Bacia hidrográfica do Rio Paraná

A bacia hidrográfica do Rio Paraná é a terceira mais extensa do Brasil e abrange uma área de cerca de 880 mil km².

Fonte: Antônio José Teixeira Guerra; Sandra B. da Cunha. *Geomorfologia do Brasil.* Rio de Janeiro: Bertrand Brasil, 2003. p. 254.

CAPÍTULO 16

As águas oceânicas

Os seres humanos beneficiam-se dos oceanos e mares, que representam grande fonte de recursos. Você sabe quais recursos são explorados nas águas oceânicas? Que atividades econômicas são desenvolvidas nesses ambientes? E ainda, quais as principais características dessas águas? Converse sobre isso com seus colegas.

As enormes massas de água salgada que cobrem a maior parte da superfície da Terra são denominadas **oceanos**. Existem cinco grandes oceanos em nosso planeta: Oceano Pacífico, Oceano Atlântico, Oceano Índico, Oceano glacial Ártico e Oceano glacial Antártico. Todos eles estão interligados, formando uma massa de água que cobre 71% da superfície terrestre.

As porções de oceano que se encontram mais próximas aos continentes ou no interior deles são chamadas **mares**. Em geral, os mares não são muito profundos e sofrem forte influência das terras emersas ao receber, por exemplo, grande carga de sedimentos provenientes dos rios e das encostas litorâneas.

As águas oceânicas diferem muito das águas continentais devido à sua grande extensão e ao seu volume. Somando 97% da água do planeta, oceanos e mares apresentam características próprias de salinidade, temperatura e movimento, além de fauna e flora peculiares. Veja no mapa a seguir os oceanos e os principais mares da Terra.

Oceanos e principais mares da Terra

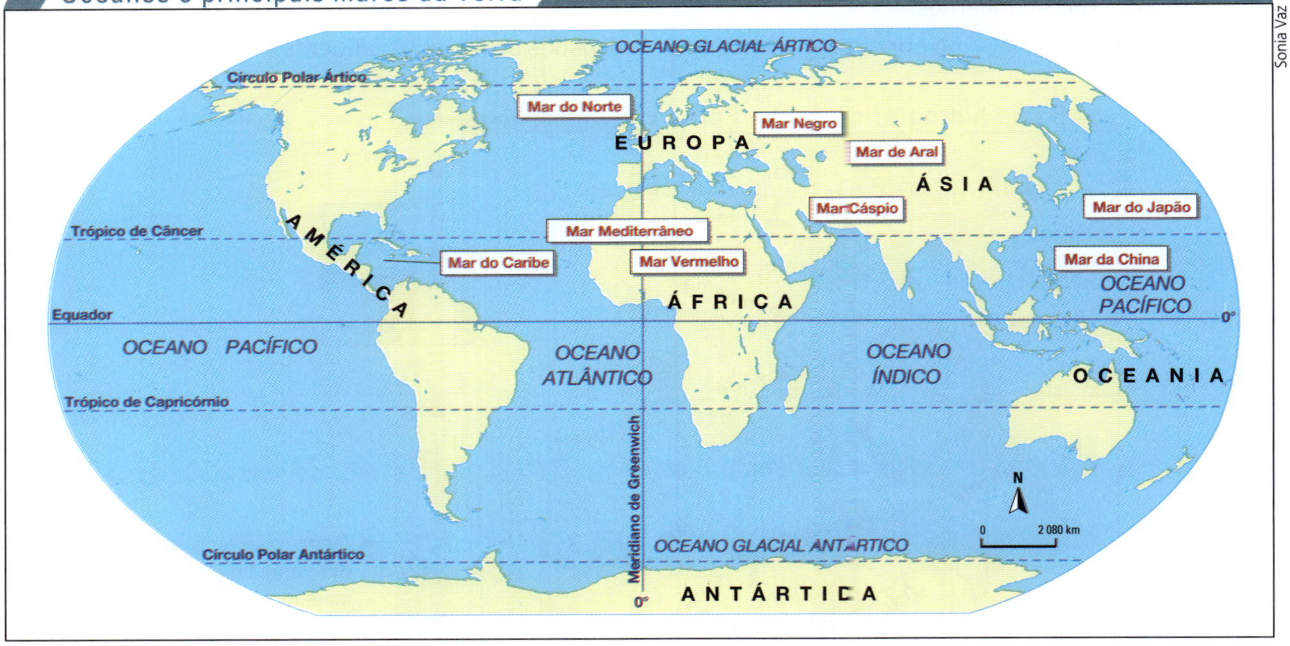

Sonia Vaz

Fonte: ATLAS geográfico escolar. 6. ed. Rio de Janeiro: IBGE, 2012. p. 33.

Há três tipos de mares: os mares abertos, que têm ligação com os oceanos vizinhos; os mares interiores, que apresentam pequena ligação com os oceanos por canais naturais (chamados estreitos); e os mares fechados, sem ligação direta com os oceanos. Identifique-os no mapa.

Salinidade

A quantidade de sais minerais presente em cada porção de água, seja de rio, lago ou oceano, determina sua **salinidade**.

As águas oceânicas são as que apresentam a maior salinidade. Em cada litro de água do mar, existem em média 35 gramas de sais diluídos, principalmente cloreto de sódio, o conhecido sal de cozinha. Alguns mares apresentam alta salinidade, como o Mar Morto, entre Israel e Jordânia, na Ásia, com cerca de 350 gramas de sais por litro de água. Segundo algumas pesquisas, os sais marinhos são provenientes, principalmente, de rochas do fundo dos oceanos, mas também podem ser transportados dos solos e das rochas dos continentes até o mar pelos cursos fluviais.

Luciana Whitaker/Pulsar Imagens

É das águas oceânicas que se extrai o sal de cozinha, utilizado para preparar os alimentos. Essa extração ocorre nas salinas, áreas no litoral onde a água do mar é represada, para que se retire dela o cloreto de sódio, o sal mais abundante nos oceanos. Elas são construídas, principalmente, em regiões de intensa evaporação das águas, como o litoral de países tropicais. Ao lado, fotografia de salinas localizadas na cidade de Araruama, Rio de Janeiro, 2013.

Temperatura

A temperatura das águas oceânicas varia de acordo com:

- **latitude**: a temperatura da água na superfície dos oceanos é maior na zona intertropical (onde há maior insolação) e diminui em direção às zonas polares (onde a insolação é muito baixa). Na linha do Equador, a temperatura da água permanece em torno dos 29 °C, enquanto nas regiões polares ela fica em cerca de 3 °C.
- **profundidade**: à medida que a profundidade dos oceanos aumenta, a penetração dos raios solares é menos intensa, e, por isso, a temperatura da água diminui. Abaixo dos 3 000 metros de profundidade a temperatura estabiliza-se em 0 °C.

As águas quentes e os corais

Nas águas oceânicas quentes, rasas e com muita luminosidade das regiões tropicais do planeta, vivem os corais, animais marinhos que formam grandes estruturas calcárias (como a da foto ao lado, de recifes de corais no Mar do Caribe, na Colômbia, em 2014). Os corais constituem ecossistemas únicos nos oceanos, fornecendo alimento para o desenvolvimento de várias espécies de animais e vegetais marinhos.

Vilainecrevette/Alamy/Latinstock

Movimento das águas oceânicas

As águas dos oceanos estão em constante movimento, realizando vários deslocamentos importantes para a transformação das paisagens litorâneas da Terra. Entre esses movimentos, destacam-se as correntes marítimas, as marés e as ondas.

Correntes marítimas

Nos oceanos e mares existem **correntes marítimas**, isto é, porções de água que se deslocam em várias direções, percorrendo determinadas trajetórias. Essas correntes pouco se misturam com as águas por onde passam, mantendo suas características de cor, temperatura e salinidade.

Vários estudos comprovam que as correntes marítimas são impulsionadas principalmente pelos ventos. Além disso, por causa do movimento de rotação da Terra, as correntes deslocam-se, em cada hemisfério, em sentidos opostos. No Hemisfério Norte, as correntes fluem no sentido horário e, no Hemisfério Sul, no sentido anti-horário. Esse fenômeno é chamado **efeito de Coriolis**.

De acordo com a temperatura e com a região do planeta onde se originam, as correntes podem ser quentes ou frias. Observe o mapa.

Principais correntes marítimas da Terra

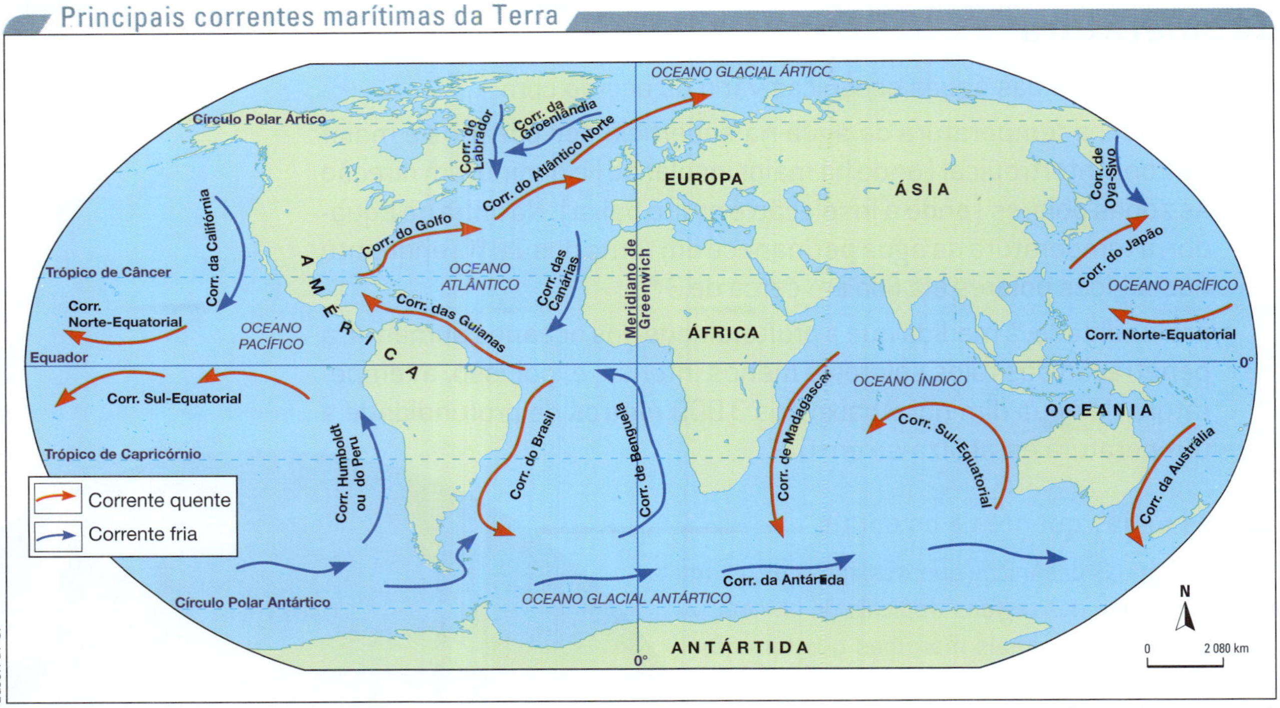

Edson B. C.

Fonte: ATLAS geográfico escolar. 6. ed. Rio de Janeiro: IBGE, 2012. p. 58.

1. Localize no mapa duas correntes quentes e duas correntes frias.
2. Verifique a região de origem dessas correntes e para onde se direcionam.

As correntes marítimas e a navegação

Durante muito tempo, os barcos navegaram apenas perto da costa dos continentes. A partir do século XV, com o início das Grandes Navegações, as embarcações passaram a se aventurar por mar aberto. Além do impulso do vento, os navegantes descobriram as vantagens de aproveitar a força das correntes marítimas. Atualmente, são utilizadas imagens orbitais obtidas por ônibus espaciais ou satélites artificiais para conhecer com mais detalhes as correntes marítimas e definir as melhores rotas de navegação, o que permite, por exemplo, a economia de combustível.

Giro pela História

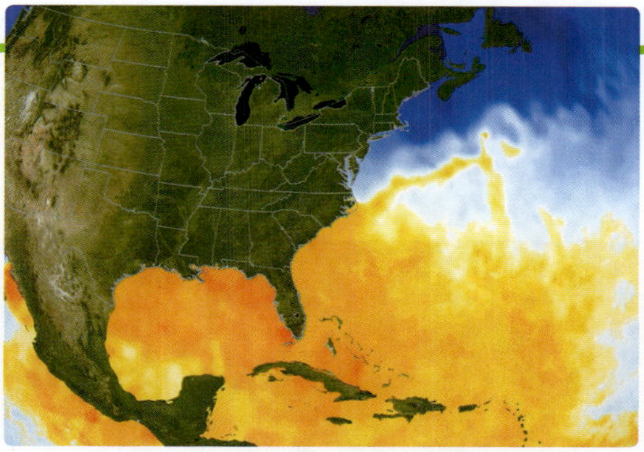

NASA/GSFC-SVS/SPL/Latinstock

Acima, registro das correntes marítimas da costa leste dos Estados Unidos. Em tons de laranja, a corrente quente do Golfo e mais acima, em azul, a corrente fria do Labrador, em imagem obtida pelo satélite Aqua da NASA, em 2007.

Marés

Diariamente, a água do mar avança e recua sobre o litoral. Esse movimento, chamado **maré**, é provocado pela força de atração que o Sol e a Lua exercem sobre a Terra.

O nível máximo que a água do mar alcança chama-se maré alta (imagem **A**) ou preamar, e o nível mínimo chama-se maré baixa (imagem **B**) ou baixa-mar.

As marés altas e as marés baixas sucedem-se, aproximadamente, em intervalos de seis horas. A diferença entre o nível mínimo da maré baixa e o nível máximo da maré alta é chamada de **amplitude da maré**.

Delfim Martins/Pulsar Imagens

Delfim Martins/Pulsar Imagens

Paisagem de maré alta (foto **A**) e maré baixa (foto **B**) em Maragogi, Alagoas, em 2013.

Ondas

A ação do vento sobre a superfície dos oceanos leva suas águas a realizar movimentos chamados **ondas** (veja o esquema ao lado). Quando as ondas encontram o litoral e a profundidade do mar diminui, ocorre a arrebentação, ou seja, as ondas dobram e quebram na praia ou contra rochedos.

Gary Hincks/SPL/Latinstock

Geralmente, as ondas são maiores em litorais de mar aberto e menores em baías e enseadas. Em alguns lugares do mundo, como no Havaí (arquipélago do Oceano Pacífico), formam-se ondas gigantescas, que podem atingir mais de 10 metros de altura.

Ilustração conforme: Robert W. Christopherson. *Geossistemas*: uma introdução à Geografia Física. 7. ed. Porto Alegre: Bookman, 2012. p. 506-7.

A navegação marítima

Há séculos, os oceanos e mares são utilizados como grandes vias de transporte. A navegação marítima mercante é realizada, atualmente, por embarcações com grande capacidade de armazenagem.

Delfim Martins/Tyba

O Porto de Santos, na fotografia acima, em 2013, localizado no estado de São Paulo, é o primeiro do país em movimento de cargas. Ele recebe diariamente dezenas de navios de grande porte, como graneleiros e porta-contêineres, o que faz desse porto um dos mais importantes da América do Sul.

Esse tipo de transporte é o mais importante e econômico que existe. Todos os anos, milhões de toneladas de produtos entram no Brasil e saem dele, transportados por navios dos mais diversos países do mundo. São produtos variados, como os minerais (ferro, alumínio, cobre), os combustíveis fósseis (petróleo, carvão), os agrícolas (soja, trigo, milho) e os industrializados (automóveis, máquinas industriais, alimentos).

Os navios de carga atracam em vários portos brasileiros. Os mais movimentados são, em ordem de importância: Santos (SP), Itaguaí (RJ), Paranaguá (PR), Rio Grande (RS), Suape (PE), Vila do Conde (PA) e São Francisco do Sul (SC).

Oceanos e mares: fontes de alimento

No grande ecossistema oceânico, a base da alimentação da fauna marinha é composta de **plâncton**, conjunto de minúsculas formas de vida (sobretudo algas e crustáceos).

Determinadas correntes marítimas são ricas em plâncton; por isso, as regiões do planeta banhadas por suas águas são fartas em peixes e outros animais marinhos que se alimentam desses pequenos seres. Nessas regiões, a pesca marítima, em geral, é bastante desenvolvida, empregando milhares de trabalhadores e gerando riquezas para os países e para as empresas que a exploram.

Pescadores recolhendo pesca farta no litoral do Peru, em 2012.

Enrique Castro-Mendivil/Reuters/Latinstock

O Peru tem a costa banhada pela corrente de Humboldt, muito rica em plâncton e, consequentemente, em outras espécies de vida marinha. Por isso, a pesca e a industrialização de pescados têm importância fundamental para a economia desse país.

O litoral brasileiro, apesar de não ser tão privilegiado como a costa peruana, destaca-se na pesca de peixes, como a corvina, a sardinha, o atum e a tainha, e na captura de crustáceos, como o camarão e a lagosta.

Manguezais: berços de vida marinha

Os **manguezais** são considerados pelos biólogos verdadeiros "berçários" dos oceanos. Neles, a água do mar mistura-se com a água dos rios, o que proporciona um ambiente rico em matéria orgânica e com temperatura ideal para a reprodução de diversas espécies marinhas. Entre elas, estão plânctons, caranguejos e vários tipos de peixe, inclusive algumas espécies de tubarão. Esses seres vivos fazem parte da alimentação de outras centenas de espécies de animais marinhos, que vivem nas águas mais profundas do alto-mar.

Vivência e meio ambiente

A não preservação dos manguezais pode trazer consequências graves para a sobrevivência da fauna marinha e comprometer os ecossistemas oceânicos.

Veja, a seguir, um exemplo de desequilíbrio ambiental que pode ocorrer com a destruição de uma área de mangue.

estuário: tipo de foz em que as águas de um rio chegam ao oceano por meio de um único canal

Impactos da ação humana nos ecossistemas litorâneos

Muitas espécies de animais, inclusive tubarões, utilizam áreas de mangue (como a da foto **A**, no litoral de Pernambuco, em 2014), assim como estuários, para a procriação. Quando tais áreas são destruídas, essas espécies precisam procurar outros lugares para se reproduzir.

O Porto de Suape (visto na foto **B**, de 2013) foi construído próximo a Recife, no litoral de Pernambuco. Para viabilizar a obra, uma grande área de mangue foi destruída, assim como os estuários dos rios daquela área. Isso gerou um enorme impacto no ecossistema marinho, e as espécies de tubarão que ali procriavam tiveram de se deslocar para outras áreas.

A construção do Porto de Suape e sua movimentação são apontadas hoje como as principais causas de ataques de tubarões a surfistas e banhistas nas praias da região. Para evitar os ataques, é realizado, atualmente, um trabalho de conscientização das pessoas que utilizam as praias, por meio de placas (como a da foto **C**), na praia de Boa Viagem, em Pernambuco, em 2011.

A

Delfim Martins/Pulsar Imagens

B

Leo Caldas/Pulsar Imagens

C

J. L. Bulcão/Pulsar Imagens

Poluição das águas oceânicas

As águas dos oceanos e mares vêm sofrendo um intenso processo de poluição nas últimas décadas. Entre as fontes de poluição das águas oceânicas que causam maiores danos ao ambiente marinho e aos seres humanos estão os esgotos, os produtos químicos tóxicos e o petróleo.

Esgotos e produtos tóxicos

Os oceanos do mundo todo recebem diariamente milhões de toneladas de poluentes provindos dos espaços urbanos e rurais. Esses poluentes são compostos de esgoto e lixo das cidades localizadas à beira-mar, assim como dos resíduos, levados pelos rios, de outras regiões povoadas do interior do continente.

As águas marinhas recebem esgoto doméstico e industrial (que pode conter substâncias tóxicas), além de grande quantidade de agrotóxicos. Recebem ainda lixo sólido (pneus, garrafas, latas e embalagens plásticas, entre outros materiais), que se acumula nas praias e é levado pelas correntes marítimas e marés para alto-mar.

Zé Zuppani/Pulsar Imagens

Muitas praias, por exemplo, tornam-se impróprias para uso por causa da sujeira deixada por frequentadores. Além disso, podem estar contaminadas por substâncias tóxicas, lançadas próximo à orla pelos navios, ou ainda por microrganismos transmissores de doenças, presentes nas fezes de animais domésticos que frequentam a praia. Ao lado, lixo acumulado no litoral de Bertioga, estado de São Paulo, em 2010.

Cuidado: seu peixe pode estar contaminado!

Vivência e saúde

A poluição dos oceanos por resíduos químicos, como cloro, mercúrio, cromo e chumbo, contamina a fauna existente nesse ambiente e os seres humanos que se alimentam desses animais. Assim, é importante estar atento à procedência não só dos peixes, mas de todos os alimentos que ingerimos. Esses tipos de resíduo, de acordo com a quantidade em que são ingeridos, agem no organismo humano como um poderoso veneno, atingindo o cérebro, o fígado e outros órgãos, o que pode inclusive levar à morte. O esquema a seguir representa a contaminação na cadeia alimentar.

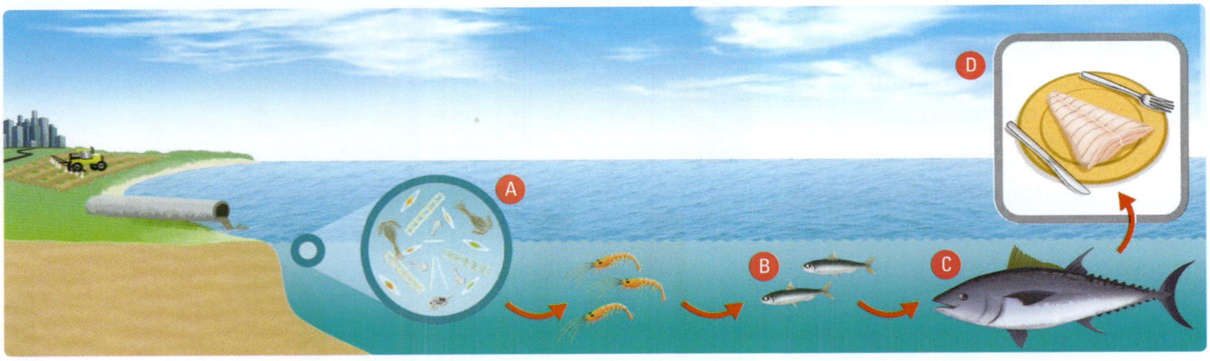

Bruno O. Sampaio

- **A** A contaminação atinge a base da cadeia alimentar marinha, o plâncton, que serve de alimento a moluscos, crustáceos e pequenos peixes.
- **B** Os animais maiores que se alimentam desses seres também são afetados.
- **C** A contaminação é cumulativa. Portanto, os peixes e outros animais que compõem o topo da cadeia alimentar marinha são os mais atingidos.
- **D** Dessa forma, quando o ser humano consome peixes como o bacalhau, pode ingerir um dos mais altos índices de resíduos químicos da fauna marinha.

Poluição pelo petróleo

O petróleo é um dos grandes causadores da poluição dos oceanos e mares. Em geral, esse tipo de poluição provém de vazamentos acidentais em petroleiros e em oleodutos submarinos.

oleoduto: sistema destinado ao transporte de petróleo e seus derivados a grandes distâncias, por meio de tubulações submarinas ou sobre o continente

Entretanto, nem toda a contaminação por petróleo ocorre acidentalmente. Muitos petroleiros, após o descarregamento nos portos, costumam lavar seus tanques, despejando a água suja de petróleo no mar. Por isso, as águas e as praias próximas às regiões de grande tráfego de navios petroleiros estão sempre poluídas com óleo.

O mapa a seguir representa as principais áreas do mundo poluídas por petróleo. Observe-o e verifique a situação do litoral do Brasil e de outros lugares do mundo.

Poluição de oceanos e mares por petróleo

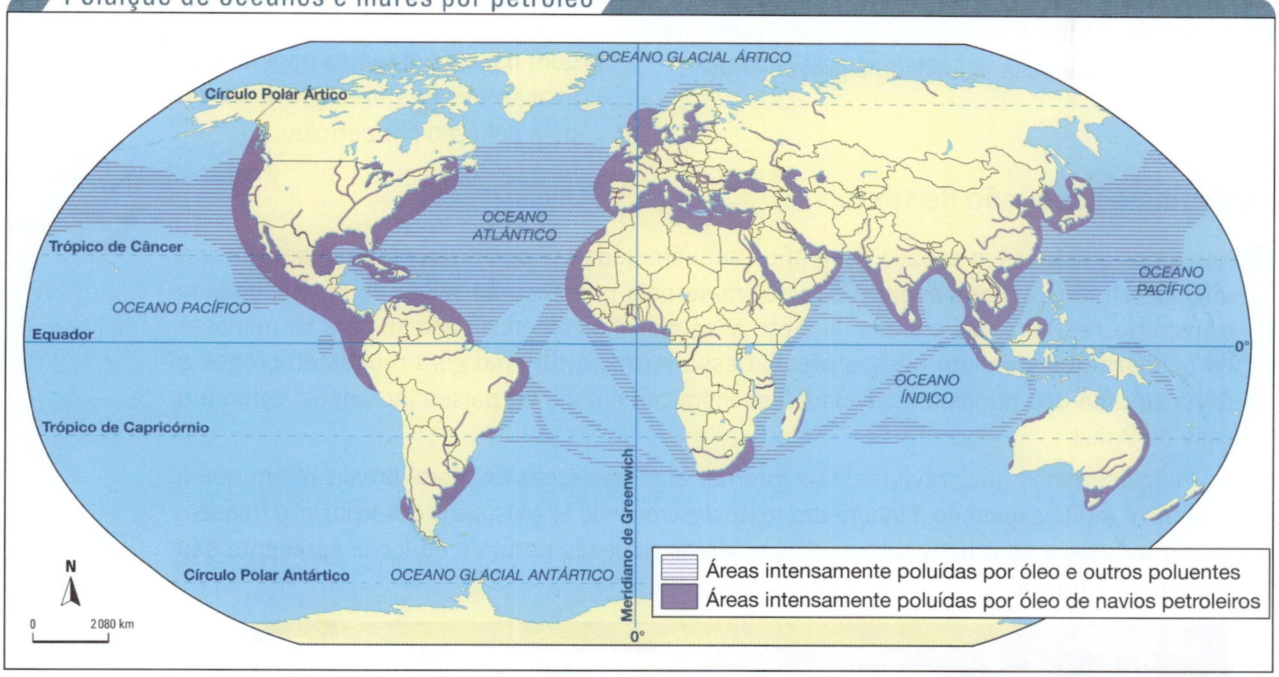

Edson B. C.

Fonte: Graça Maria Lemos Ferreira. *Atlas geográfico espaço mundial.* 3. ed. São Paulo: Moderna, 2010. p. 30.

A poluição dos mares por vazamentos acidentais origina as chamadas marés negras, grandes manchas de óleo que permanecem durante vários dias nas águas superficiais dos oceanos.

Esse óleo impede a penetração dos raios solares no mar, o que destrói grande quantidade de plâncton e provoca a morte de diversos seres marinhos, entre outras consequências. Ao lado, foto de extensa mancha de óleo no litoral do Rio de Janeiro, resultado do vazamento ocorrido em um navio de transporte de petróleo, em 2011.

Rogerio Santana/Handout/Reuters/Latinstock

Atividades

Revisão

1 Observe novamente o mapa da página **150** e descreva no caderno:

a) o nome do oceano localizado entre a América e a África;

b) o nome de dois mares interiores existentes entre a Europa e a Ásia;

c) o nome do mar que banha a porção central da América;

d) o nome do mar que banha o Japão.

2 O que determina a salinidade de uma porção de água? De onde essa salinidade é proveniente?

3 Dê um exemplo de como a temperatura das águas oceânicas pode variar de acordo com:

a) a latitude;

b) a profundidade.

4 Cite o nome de três movimentos realizados pelas águas oceânicas. Escolha um deles e explique como ocorre.

5 Cite dois aspectos da importância das águas oceânicas para o Brasil.

6 Com base no mapa da página **157**, indique a localização de uma área gravemente comprometida pela poluição por petróleo.

Pesquisa e produção de texto

Giro pela Língua Portuguesa

7 Nas áreas litorâneas, o espaço geográfico também pode ser organizado para desenvolver a atividade turística. Esse espaço caracteriza-se pela presença de redes de hotéis, vias de transporte, restaurantes e áreas de lazer. Além disso, o comércio volta-se para os milhares de pessoas que circulam nessas áreas. Dessa forma, o turismo gera muitos empregos e torna-se uma das principais atividades econômicas em vários países litorâneos, como é o caso do Brasil.

Pesquise em jornais, revistas e na internet algumas áreas do litoral brasileiro em que o turismo é muito explorado. Elabore um texto descrevendo as paisagens desse lugar, a frequência de turistas e se o turismo tem ameaçado as riquezas naturais do local. Apresente seu texto para a turma.

Leo Caldas/Pulsar Imagens

Na imagem ao lado, podemos observar um exemplo de espaço geográfico litorâneo organizado em função do turismo. A fotografia é da praia de Porto de Galinhas, litoral de Pernambuco, em 2013.

Atividades de compreensão

8 Faça uma relação de palavras-chave para cada característica das águas oceânicas. Comente a característica que você considera mais interessante.

9 Algumas pessoas instalaram guarda-sóis na areia da praia a certa distância da água do mar. Horas mais tarde, o mar atingiu o lugar em que estavam, obrigando-as a se afastar. O que aconteceu com a água do mar? Explique por que isso ocorre.

10 Se lançarmos uma garrafa vedada ao mar, no litoral norte do Brasil, qual será seu destino mais provável? Escreva no caderno o nome das correntes pelas quais a garrafa provavelmente passará.

11 As pessoas que moram em áreas do interior do continente também podem ser responsáveis pela poluição das águas oceânicas? Conte como isso acontece. Se quiser, você pode fazer um desenho para ilustrar esse fato.

12 Observando o mapa da página **152**, responda no caderno: Em quais regiões predominam as correntes quentes e em qual predominam as correntes frias?

13 Por que a poluição das águas oceânicas, tanto em alto-mar como em áreas de mangue, pode ser prejudicial à saúde humana?

GEOGRAFIA no Cinema

As Aventuras de Sammy

O filme conta a história de uma tartaruga marinha que viaja pelos oceanos do mundo inteiro.

As aventuras de Sammy. Direção: Ben Stassen, PlayArte Pictures, 2010.

As aventuras de Sammy. Direção: Ben Stassen. Bélgica, EUA e França: PlayArte Pictures, 2010

Além disso...

Cem dias entre o céu e mar

Amyr Klink. São Paulo: Companhia das Letras, 2005.
Livro que narra a viagem do navegador brasileiro que atravessou o Oceano Atlântico num pequeno barco.

Meio ambiente & Oceanos

Luiz Roberto Tommasi. São Paulo: Senac, 2008
Livro que trata dos impactos ambientais causados pelas atividades humanas nas águas oceânicas.

Família Schurmann <http://schurmann.com.br/expedicoes/>

Visite o *site* oficial da família Schurmann e conheça as diversas expedições que essa família de navegadores realizou pelos mares e oceanos da Terra.

Museu Nacional do Mar <www.museunacionaldomar.com.br/>

Site que apresenta informações e um rico acervo de imagens sobre as águas oceânicas e seus recursos.

O mundo em leitura

Vivência e meio ambiente

Grande quantidade de lixo é jogada todos os dias nos oceanos do planeta. Mas, afinal, para onde vai tanta sujeira? As águas oceânicas são capazes de eliminar todo esse lixo? O texto a seguir exemplifica o que vem ocorrendo com boa parte do lixo despejado nas águas do Oceano Pacífico.

O lixo no Pacífico

Foi durante uma alegre competição de barco a vela que o oceanógrafo americano Charles Moore se deparou com algo trágico: um gigantesco depósito de lixo em pleno mar. "Fiquei impressionado, de repente estava no meio daquilo. Para onde eu olhava, via lixo", diz ele. A 500 milhas náuticas (cerca de 920 quilômetros) da costa da Califórnia, no oeste dos EUA, esse depósito estava e ainda está lá. A primeira e mais importante questão é saber como essa mancha se formou e cresceu. A primeira e mais importante resposta, impressionante e assustadora, é que a grande sujeira que muitas vezes se tenta esconder debaixo do imenso tapete de mar é fruto da falta de consciência ambiental — um dia ela aparece e boia, um dia a atitude predatória vem à tona, ainda que seja em meio a uma tranquila regata. "Toda vez que eu ia ao deque via coisas boiando. Como nós conseguimos sujar uma área tão enorme?", pergunta Moore.

O especialista que passou anos em seu barco estudando essa área (do Havaí até quase o Japão) revela que a mancha tem mais de dez anos. E suas proporções são assustadoras: "Ali existem cerca de 100 milhões de toneladas de detritos." A formação desse megaentulho, apelidado pelos especialistas de "sopa plástica", é atribuída a dois fatores combinados: ação humana e ação da natureza.

Principais resíduos encontrados nas águas oceânicas.

Ilustrações: Studio Caparroz

Os pesquisadores contabilizam que um quinto dos resíduos foi jogado de navios ou plataformas petrolíferas, e inclui itens como bolas de futebol, caiaques, sacolas plásticas e restos de naufrágios. O restante veio da terra. No mar, esse lixo flutuante acabou se agrupando por influência das correntes marítimas. E então ficou vagando.

[...] Uma vez boiando nos oceanos, no entanto, esses resíduos passam a ser sujeira sem dono como ponta de cigarro na rua. Ainda que se saiba a sua procedência, é impossível responsabilizar culpados. Por isso a fiscalização é teórica e ineficaz, por isso formam-se lixões como o do Pacífico [...].

Luciana Sgarbi. A sopa de lixo no Pacífico. *IstoÉ*, São Paulo, 13 fev. 2008. Disponível em: <www.istoe.com.br>. Acesso em: 5 fev. 2015.

Ler, pensar, compreender

1. De acordo com o texto, onde se localiza a mancha de lixo no oceano? Quais os principais tipos de detritos encontrados nessa mancha?
2. De onde provêm os entulhos que compõem a "sopa plástica" encontrada no Oceano Pacífico?
3. Qual é a relação entre as correntes marítimas e a formação da "sopa plástica" no Pacífico?
4. Promovam um debate em sala de aula sobre a gravidade das agressões ao ambiente marinho, provocadas pela poluição por substâncias tóxicas, petróleo e lixo.
5. Discutam também a importância de grupos ambientalistas e a atitude das pessoas que se propõem a fazer parte deles. Anotem ideias do que cada um de nós pode fazer para proteger os oceanos e mares da Terra.

Vivência e cidadania

Ilustração conforme: Luciana Sgarbi. A sopa de lixo no Pacífico. *IstoÉ*, São Paulo, 13 fev. 2008. Disponível em: <www.istoe.com.br>. Acesso em: 5 fev. 2015.

Ilustrações: Studio Caparroz

A mancha de lixo está em constante movimento devido às correntes marítimas giratórias.

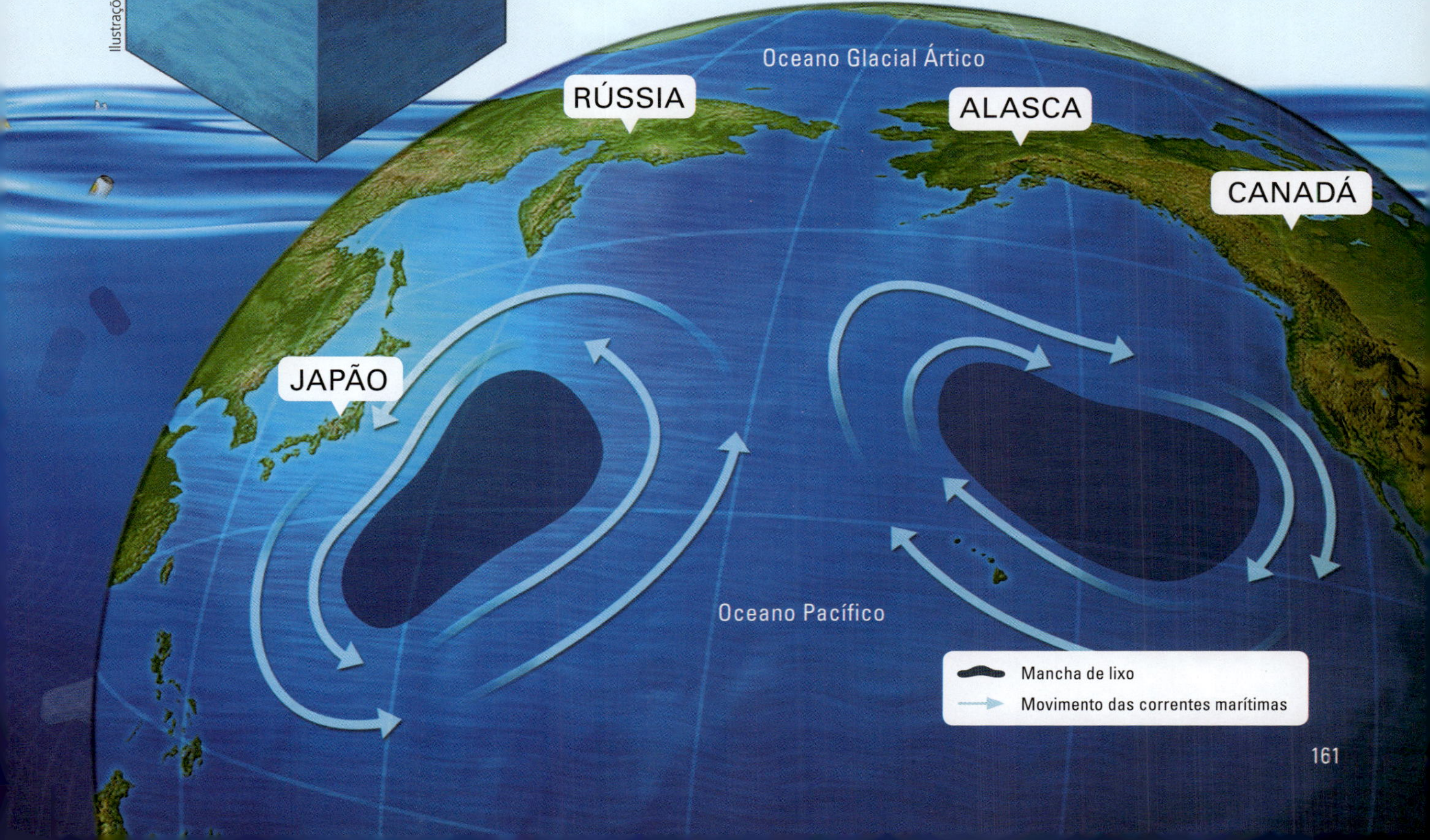

UNIDADE VI

O TEMPO, O CLIMA E AS PAISAGENS TERRESTRES

Nesta imagem, percebemos a presença do ar no macacão usado pelo praticante de *wingsuit*, uma modalidade de paraquedismo na qual a roupa oferece resistência ao ar e permite planar.

Josh Anon/Jaynes Gallery/DanitaDelimont.com/Easypix

Praticante de *wingsuit*, saltando em 2010.

1. De que outras maneiras podemos perceber a presença do ar atmosférico?
2. Você já pensou na importância do ar que respira? Conte aos colegas.

CAPÍTULO 17

Mudanças do tempo

Quando o tempo muda, percebemos rapidamente. Você notou como estava o tempo ontem? E hoje, ele permanece com as mesmas características ou já mudou?

Veja, nas imagens acima, como as condições atmosféricas podem variar em um mesmo dia, em um mesmo lugar.

Às vezes, temos de adiar uma partida de vôlei na quadra da escola porque o dia amanheceu chuvoso. Outras vezes, porém, podemos passear de bicicleta ou brincar na praia ou na piscina do clube, pois o dia está ensolarado. Exemplos como esses nos mostram de que modo as condições do tempo influenciam a vida dos seres humanos.

O estado momentâneo do ar atmosférico em determinado lugar — ou seja, se o céu está limpo ou nublado, se está chovendo ou não, se está fazendo frio ou calor — é indicado pelo **tempo meteorológico**. Assim, em um mesmo instante, o dia pode estar ensolarado, por exemplo, no lugar onde estamos, e chuvoso em outros lugares, próximos ou distantes.

O tempo está sempre mudando: pode ser de maneira lenta, pode demorar dias e até semanas, ou pode mudar rapidamente, de uma hora para a outra, como podemos observar nas fotografias acima.

Descreva, no caderno, o tempo meteorológico no lugar onde você está neste momento: faz frio ou calor? O céu está limpo, encoberto por nuvens ou está chovendo? Está ventando ou o ar está parado?

Por que o tempo muda

As mudanças nas condições atmosféricas dos lugares dependem, basicamente, do deslocamento das massas de ar.

As **massas de ar** são gigantescas porções da atmosfera de ar que se deslocam pela troposfera, influenciando o clima e o tempo nos diversos lugares do planeta.

Essas massas distinguem-se umas das outras principalmente pela temperatura (podem ser frias ou quentes) e pela umidade (podem ser secas ou úmidas).

De acordo com a temperatura, as massas de ar podem ser equatoriais e tropicais (quentes) ou polares (frias). Em relação à umidade, elas podem ser marítimas (úmidas) ou continentais (secas), com exceção das massas que se formam sobre as grandes florestas equatoriais, como as da Floresta Amazônica, que são úmidas em razão da evapotranspiração dos vegetais.

troposfera: camada mais baixa da atmosfera, que se estende da superfície terrestre até cerca de 15 km de altitude. É nessa camada que ocorre a maior parte dos fenômenos meteorológicos, como ventos, nuvens, chuvas, tempestades etc.

evapotranspiração: processo de transpiração e evaporação das gotículas de água (suor) que se formam na superfície das folhas das plantas

Massas de ar e amplitude térmica

Leia o texto a seguir e verifique como o deslocamento de uma massa de ar pode provocar mudanças repentinas nas condições do tempo atmosférico.

Chegada de frente fria muda tempo no Acre nesta quinta-feira

Com o tempo nublado [...] com possibilidade de chuva, a temperatura em Acrelândia deve chegar a 16 °C, com máxima de 27 °C. Em Brasileia, esse número pode ser ainda mais baixo, chegando a 14 °C, tendo uma máxima de 27 °C.

CHEGADA de frente fria muda tempo no Acre nesta quinta-feira. *G1 – Portal de Notícias da Globo.* Rio Branco, 14 ago. 2014. Disponível em: <http://g1.globo.com/>. Acesso em: 20 jan. 2015.

De acordo com o texto, com a chegada da massa de ar polar (fria), os termômetros registraram 16 °C em Acrelândia, estado do Acre, podendo chegar à temperatura máxima de 27 °C no mesmo dia. A diferença entre a temperatura mínima e a temperatura máxima registrada em um lugar em determinado período de tempo denomina-se amplitude térmica.

Veja abaixo.

Temperatura máxima	–	Temperatura mínima	=	Amplitude térmica
27 °C		16 °C		11 °C

A previsão do tempo

Você costuma acompanhar a previsão do tempo pelo rádio, pela televisão, pela internet ou por jornais? Costuma observar como está o tempo ao longo do dia? Converse com os colegas e descubra se eles fazem essas observações.

Conhecer o funcionamento da atmosfera e prever as mudanças no tempo meteorológico de qualquer lugar da Terra são importantes conquistas da humanidade. Atualmente, as informações e as previsões sobre o tempo meteorológico chegam a nossa casa todos os dias por diferentes meios de comunicação. Esse tipo de serviço é possível graças à **meteorologia**, ciência que estuda a atmosfera e seus fenômenos.

R. R. Rufino/ASC Imagens

Estação meteorológica do Iapar (Instituto Agronômico do Paraná), em Londrina, Paraná.

O estudo e a previsão do tempo são realizados pelos meteorologistas, que analisam os dados obtidos com base em medições diárias de temperatura, umidade, pressão e ventos, realizadas em estações meteorológicas espalhadas pelo mundo inteiro.

Além dessas estações, a meteorologia conta com o auxílio de satélites, que registram as condições atmosféricas a partir de suas órbitas em torno da Terra. Os satélites fornecem informações mais precisas, principalmente sobre o deslocamento de massas de ar, por meio de imagens que são captadas e enviadas aos institutos de pesquisa. Com base nessas informações, os pesquisadores realizam as previsões meteorológicas e as repassam diariamente para a imprensa.

Giro pela Ciências

Estações meteorológicas

As **estações meteorológicas** são locais que reúnem aparelhos como termômetros, anemômetros e pluviômetros (fotos abaixo), utilizados para medir e registrar os fenômenos atmosféricos. Esses aparelhos podem estar instalados em terra ou em navios, aviões e balões-sondas, registrando as condições do tempo atmosférico sobre os continentes, oceanos e em grandes altitudes.

O **anemômetro** é o aparelho que mede a velocidade do vento.

Medir a quantidade de chuva em determinado local é a função do **pluviômetro**.

O **heliógrafo** é um aparelho que registra a intensidade e o tempo de incidência da luz solar em um mesmo dia. Esse aparelho é composto de uma esfera de cristal de quartzo polido, que concentra e direciona os raios solares em uma tira de papel sensível ao calor.

Em muitas estações meteorológicas, há uma **caixa de Stevenson**. Essa caixa é planejada para abrigar instrumentos como:

- **termômetros de temperaturas máxima e mínima**;
- **termômetros de bulbo seco e bulbo úmido**, em que a diferença entre as duas medições serve para calcular a umidade relativa do ar;
- **termógrafo**, que registra as diversas temperaturas medidas;
- **higrógrafo**, que registra a variação da umidade atmosférica durante o dia.

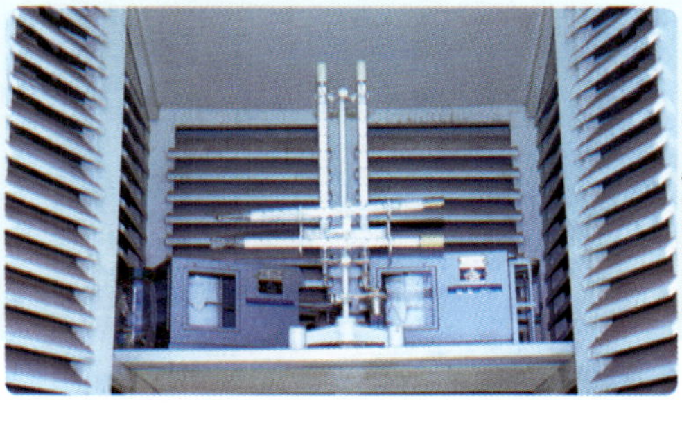

Fotos: R. R. Rufino/ASC Imagens

Alta tecnologia nas previsões do tempo

A introdução de recursos de alta tecnologia, como imagens de satélites e computadores ultramodernos, tem tornado o serviço de previsão do tempo cada vez mais confiável.

Observando as imagens emitidas por satélites, por exemplo, os meteorologistas podem acompanhar com detalhes a movimentação das massas de ar. Esses procedimentos somados às demais informações obtidas por outros instrumentos permitem um aumento na precisão da previsão do tempo para determinados lugares da Terra.

Na sequência de imagens abaixo, feitas pelo satélite Goes-13, é possível acompanhar o movimento das massas de ar ocorrido entre os dias 8 e 11 de setembro de 2014, no Brasil.

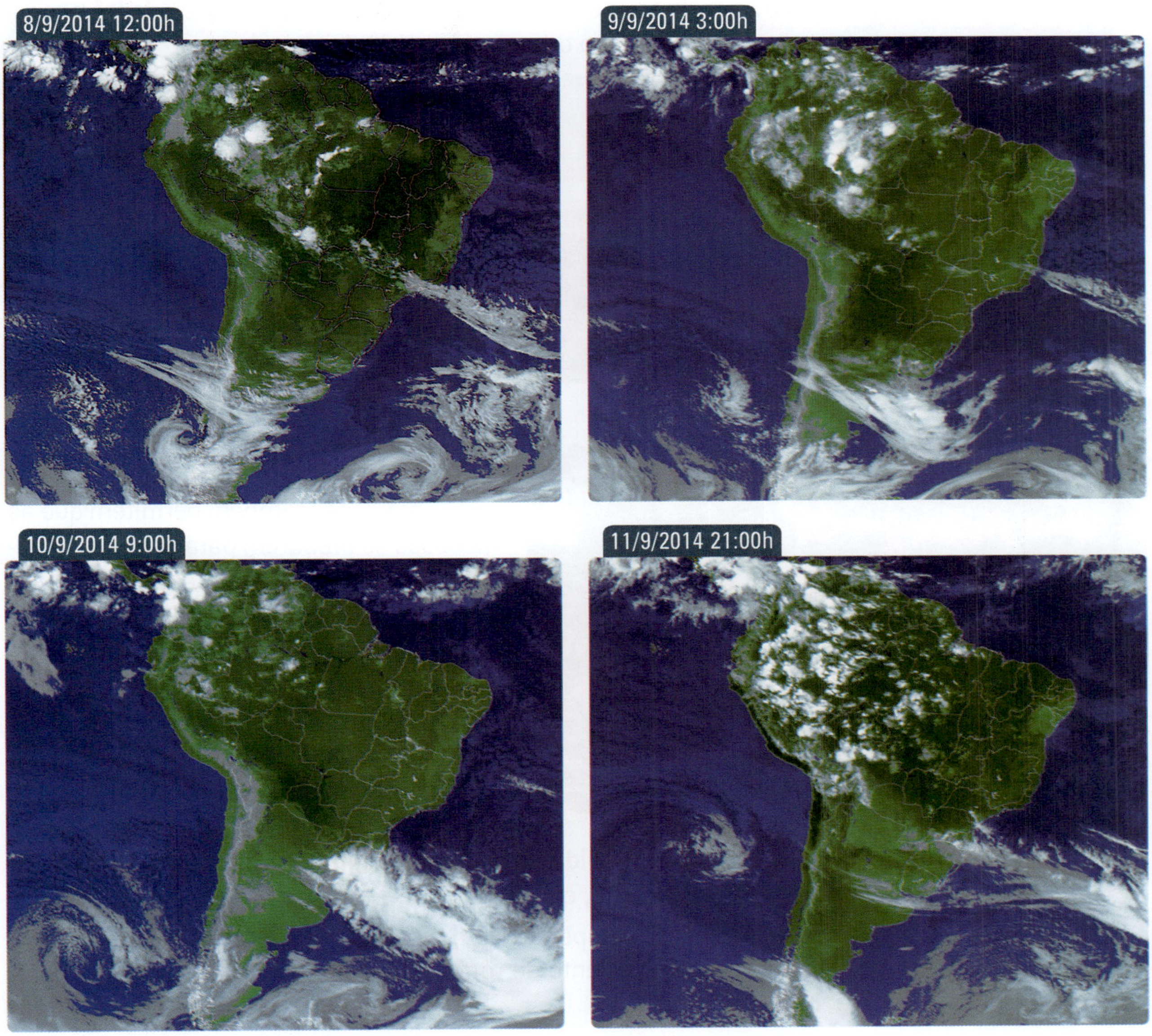

Fotos: Goes-13/Cptec/Inpe

Nessa sequência de imagens, podemos observar uma massa de ar fria, de origem polar, deslocando-se da Argentina em direção ao Brasil. Nos dias 8 e 9, essa massa polar se aproxima do território brasileiro, e no dia 10 alcança a porção sul do país, ocasionando áreas de instabilidade e a ocorrência de chuvas nos estados da Região Sul e parte do Sudeste. Na imagem do dia 11, observamos que a massa de ar prossegue e afasta-se do continente em direção ao Oceano Atlântico.

A importância da previsão do tempo

Leia, as seguintes notícias sobre previsão do tempo e converse com os colegas sobre a importância desse serviço.

Segunda-feira será ensolarada e com altas temperaturas

SEGUNDA-feira será ensolarada e com altas temperaturas. *Zero Hora*. Porto Alegre, 10 nov. 2014. Disponível em: <http://zh.clicrbs.ccm.br/rs/>. Acesso em: 20 jan. 2015.

Pancadas de chuva podem ocorrer na semana e proporcionar aceleração no plantio

Viviane Petroli. Pancadas de chuva podem ocorrer na semana e proporcionar aceleração no plantio. *Olhar Direto*. Cuiabá, 10 nov. 2014. Disponível em: <www.olhardireto.com.br/agro/>. Acesso em: 20 jan. 2015.

A previsão do tempo beneficia a sociedade, seja nas atividades econômicas, seja no cotidiano das pessoas. Veja dois exemplos.

Palê Zuppani/Pulsar Imagens

A previsão do tempo é muito importante para as atividades agrícolas. Com a previsão de chuva, por exemplo, os agricultores podem programar o plantio das lavouras. Se a previsão for de geada, chuva de granizo ou seca, eles poderão utilizar técnicas para evitar que esses fenômenos causem prejuízos às plantações. A foto ao lado é de um cultivo de uvas cobertas com tela para a proteção contra granizo, na região de São Joaquim, Santa Catarina, em 2014.

Luciana Whitaker/Pulsar Imagens

As previsões também permitem que as pessoas se preparem para enfrentar fenômenos como temporais e enchentes ou para ser removidas a tempo da área que será afetada. Assim, os serviços meteorológicos auxiliam na tomada de medidas que possam amenizar ou mesmo evitar os efeitos provocados por desastres naturais, como deslizamentos de terra e inundações. A foto ao lado é de um deslizamento de terra ocorrido na encosta de um morro, na cidade de Nova Friburgo, Rio de Janeiro, em 2011.

As previsões do tempo auxiliam ainda o transporte aéreo e marítimo, permitindo o planejamento de rotas mais seguras para as viagens e prevenindo acidentes.

geada: congelamento do orvalho sobre a superfície terrestre, formando finas camadas de gelo. Ocorre, em geral, após a passagem de uma massa de ar fria, que deixa o céu limpo e faz as temperaturas caírem abaixo de 0 °C. Durante o inverno, são comuns as geadas nos estados da Região Sul do Brasil e também em algumas áreas que apresentam maiores altitudes no Sudeste

chuva de granizo: também chamada chuva de pedra, ocorre quando as gotas de água da chuva se congelam antes de atingir a superfície, caindo na forma de pedaços de gelo

Qual é a diferença entre tempo e clima?

É comum que as palavras tempo e clima sejam utilizadas como sinônimas; porém, elas têm significados diferentes. Você sabe qual é a diferença entre tempo e clima?

No início deste capítulo, você estudou que o tempo meteorológico caracteriza o estado momentâneo do ar atmosférico em determinado lugar.

Já o clima pode ser entendido como o conjunto das condições atmosféricas (chuvas, ventos, temperatura etc.) mais marcantes que ocorre em determinado lugar da superfície terrestre, ou seja, clima é a sucessão de tipos semelhantes de tempo meteorológico que predominam em cada época do ano, em determinado lugar.

Para caracterizar o clima de um lugar, são realizadas observações e registros diários do tempo meteorológico durante algumas décadas. O clima que atua em Curitiba, por exemplo, caracteriza-se por apresentar verões quentes e invernos frios, quase sempre com chuvas bem distribuídas durante o ano todo.

Nas imagens a seguir, observamos dois momentos na cidade de Curitiba, em estações do ano distintas.

Paulo Lisboa/Brazil Photo Press

Gerson Gerloff/Pulsar Imagens

Na foto **A**, o termômetro de rua indica 36 °C em uma rua de Curitiba, Paraná, no verão de 2015. Na foto **B**, pessoas circulam bem agasalhadas também em Curitiba, no inverno de 2012. O termômetro de rua indica 15 °C.

A variação da temperatura conforme a estação do ano — quente no verão e fria no inverno — é uma das características do clima de Curitiba. Isso não significa que, durante o verão, as temperaturas não possam cair ou que, durante o inverno curitibano, não possa haver dias quentes. No entanto, como já vimos, a observação e o registro das condições do ar atmosférico mais frequentes ao longo de algumas décadas possibilitam caracterizar o tipo de clima que prevalece nessa cidade brasileira e em cada porção do planeta.

Os climas são diferentes

Muitos tipos de clima atuam na superfície terrestre e se diferenciam principalmente pela temperatura e umidade.

Em relação à temperatura, existem climas quentes, como o equatorial e o tropical, que apresentam temperaturas elevadas durante todo o ano, e climas frios, como o polar, no qual as temperaturas permanecem quase sempre abaixo de 0 °C. Veja os exemplos.

Nino Marcutti/Alamy/Latinstock

Michal Fludra/Alamy/Latinstock

Em regiões onde predomina o clima tropical, é muito comum que as pessoas se refresquem nos dias quentes, como se observa na imagem **A**, em um hotel no Caribe, em 2012. Já em regiões de clima frio ou polar, é necessário estar sempre muito bem agasalhado para suportar as baixas temperaturas, como se observa na imagem **B**, no noroeste da Rússia, em 2013.

Temperatura atmosférica

Temperatura atmosférica é a propriedade que o ar apresenta de estar mais quente ou mais frio em determinados lugares.

O calor que aquece a atmosfera terrestre provém da energia dos raios do Sol, isto é, da radiação solar. Contudo, o aquecimento da atmosfera é feito, em sua maior parte, de maneira indireta. Isso quer dizer que primeiro ocorre o aquecimento da superfície terrestre; em seguida, a superfície emite o calor da radiação solar para o ar atmosférico, aquecendo-o.

Assim, é a intensidade do aquecimento da superfície terrestre que faz a temperatura do ar variar durante os dias do ano. Observe, abaixo, a representação de como ocorre o aquecimento da superfície terrestre e do ar atmosférico.

Aquecimento do ar atmosférico

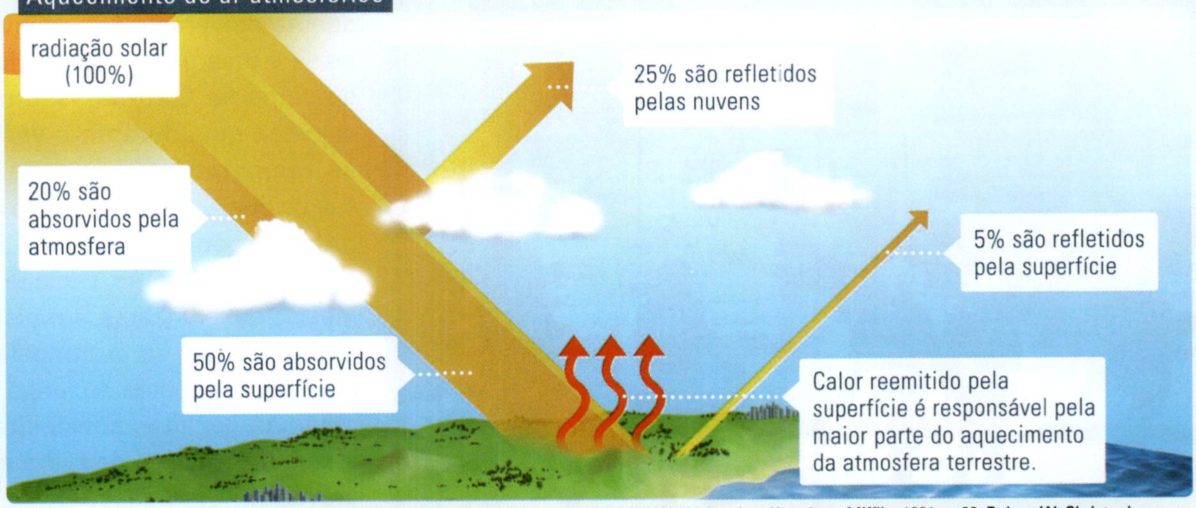

Somma Studio

Ilustração produzida com base em: Bruce Marshall. *The Real World*. London: Houghton Mifflin, 1991. p. 22; Robert W. Christopherson. *Geossistemas*: uma introdução à geografia física. 7. ed. Porto Alegre: Bookman, 2012. p. 97.

A **umidade do ar**, ou seja, a quantidade de vapor de água contido na atmosfera, é outro fator que influencia a existência de climas com características bem diferentes. Certos tipos de clima, como o equatorial, característico da Floresta Amazônica, por exemplo, são muito úmidos devido à grande quantidade de chuvas que caem ao longo do ano. Outros climas, como os que atuam nos desertos, são extremamente secos por causa da escassez de chuvas. Observe os exemplos.

Tim Gainey/Alamy/Latinstock

Karol Kozlowski/Alamy/Latinstock

A fotografia **A**, de 2013, é de uma cidade da Índia atingida por uma enchente provocada por fortes chuvas, típicas de regiões onde atua o clima equatorial. Já a imagem **B** é de um deserto no Marrocos, África, em 2013, cuja paisagem é característica de uma região de clima seco, onde a precipitação é escassa e se desenvolve pouca ou nenhuma vegetação.

Precipitações atmosféricas

As **precipitações atmosféricas** ocorrem quando o vapor de água, em suspensão na atmosfera, condensa-se ou congela e cai na forma de água ou gelo em direção à superfície terrestre. As precipitações podem ocorrer na forma líquida, no caso das chuvas, ou na forma sólida, no caso do granizo (veja a definição na página **168**) e da neve.

A **chuva** é a precipitação das gotículas de água em suspensão nas nuvens e pode ter várias origens: na evaporação da água, que, em regiões quentes do planeta, forma nuvens carregadas, as quais provocam, em seguida, chuvas rápidas e abundantes; no avanço de uma massa de ar polar; no encontro de uma massa de ar carregada de vapor de água com as encostas de montanhas e serras, o que provoca a condensação e a precipitação do vapor de água.

A **neve** ocorre quando a temperatura nas nuvens permanece abaixo de 0 °C e faz o vapor de água condensar-se e transformar-se em cristais de gelo. À medida que caem, os cristais de gelo se juntam e formam os flocos de neve. A ocorrência de neve é comum nas zonas temperadas e polares, principalmente na época do inverno.

Na maior parte do Brasil predominam temperaturas elevadas. No entanto, em alguns municípios da Região Sul, pode ocorrer intensa precipitação de neve nos invernos mais rigorosos, como vemos na fotografia de São José dos Ausentes, Rio Grande do Sul, 2013.

Gerson Gerloff/Pulsar Imagens

Atividades

Revisão

1 Complete corretamente as frases a seguir, no caderno, substituindo os ▢ pelas palavras abaixo.

ar • meteorológico • tempo • atmosférico
secas • clima • quentes • décadas

a) Tempo ▢ é o estado momentâneo do ar ▢.
b) ▢ é o conjunto das condições do ar atmosférico mais marcantes, registradas em determinado lugar, durante várias ▢.
c) As massas de ▢ influenciam o ▢ e o clima em diversos lugares do planeta.
d) Existem massas de ar frias ou ▢. As massas de ar também podem ser ▢ ou úmidas.

2 Em um mesmo dia, foram medidas as seguintes temperaturas em uma cidade:

a) 10 °C; b) 18 °C; c) 24 °C; d) 16 °C.

Calcule a amplitude térmica dessa cidade nesse dia.

3 Por que as previsões do tempo são muito importantes para a sociedade? Cite três exemplos dessa importância.

4 Você já consultou a previsão do tempo atmosférico? Em qual situação? Ela foi útil? Por quê?

5 Utilizando exemplos, descreva como os climas da Terra podem ser diferentes com relação à:

a) temperatura; b) umidade.

6 Quais são as formas de precipitação atmosférica? Descreva, no caderno, algum tipo de precipitação que você tenha observado.

Atividades de compreensão

7 Dizer que "o tempo amanhã será de muita chuva" ou que "fará muito frio nos próximos dias" é fazer a previsão do tempo ou do clima? Responda com base no que você estudou sobre a diferença entre tempo meteorológico e clima.

8 Suponha que no município onde você mora o tempo atmosférico esteja sob a influência de uma massa de ar tropical marítima. No entanto, a previsão meteorológica anunciou a chegada de uma massa de ar polar muito forte nessa região, para o dia seguinte. O que pode acontecer com o tempo atmosférico em seu município nas próximas 24 horas? Explique por quê.

9 Leia o texto a seguir.

> Eis uma chuvinha; você está na rua, você abre o guarda-chuva; basta. A que serve dizer: "Outra vez esta chuva chata!", que nada faz às gotas de água, nem à nuvem, nem ao vento. Por que não dizer logo: "Ó que boa chuvinha!".

Alain. Considerações sobre a felicidade. In: Paulo Rónai (Org.). *Dicionário universal Nova Fronteira de citações*. Rio de Janeiro: Nova Fronteira, 1985. p. 170.

O autor dessa citação comenta o comportamento de muitas pessoas em relação aos fenômenos atmosféricos: o de se aborrecer com a chuva, afirmando que é inconveniente ou que o tempo está ruim. Faça o contrário e enumere os benefícios que, em sua opinião, a chuva pode trazer.

Análise de textos e pesquisa

10 Leia as frases a seguir e associe cada uma delas ao setor da sociedade que é diretamente influenciado pelas condições do tempo mencionadas. Anote sua resposta no caderno.

I Tempo chuvoso atrasa colheita de soja no estado

II Inverno rigoroso aumenta venda de cobertores e agasalhos

III Várias casas são destruídas com o deslizamento de um barranco após chuva intensa

a) Comércio. b) População. c) Agricultura.

Nas próximas semanas, acompanhe os noticiários, impressos ou televisivos, e anote alguma notícia sobre o tempo atmosférico. Descreva as influências diretas e indiretas das condições atmosféricas informadas.

Trabalho com representações

11 Climograma é o gráfico que representa a temperatura e a pluviosidade média de determinado lugar, durante um ano. Conheça um exemplo.

Neste climograma da cidade de Cuiabá, no Mato Grosso, é possível observar que os meses de junho a agosto são mais secos e que as chuvas aumentam entre setembro e dezembro.

Cuiabá – MT

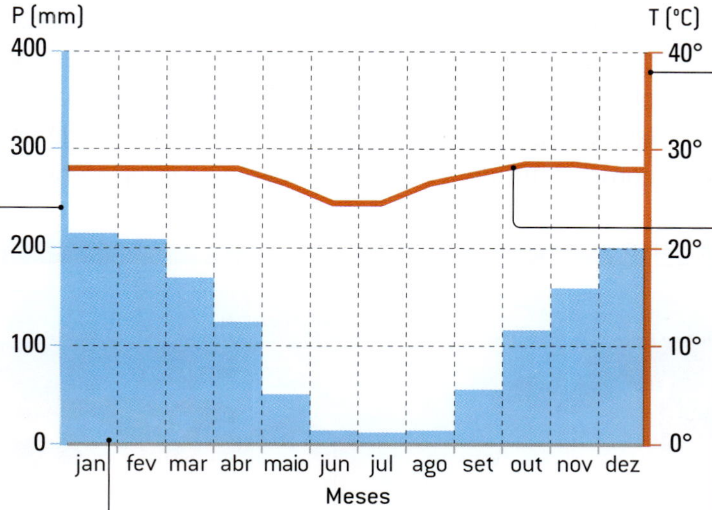

milímetro (mm): unidade de medida usada, no caso da meteorologia, para calcular a pluviosidade, isto é, o quanto chove em determinado lugar durante um certo período de tempo (o milímetro corresponde à milésima parte do metro)

◄ A temperatura de Cuiabá é alta durante praticamente o ano todo. Percebe-se, então, que altas temperaturas e duas estações, uma chuvosa e outra seca, são características do clima predominante nessa cidade.

Fonte: Climatempo. *Climatologia*. Disponível em: <www.climatempo.com.br>. Acesso em: 7 out. 2014.

Agora, analise os climogramas de algumas cidades do mundo. Para complementar este estudo, localize as cidades em um planisfério.

Cidade de Cingapura – Cingapura

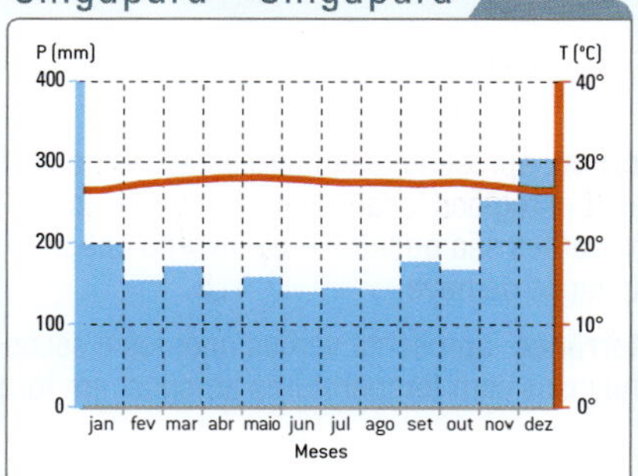

Paris – França

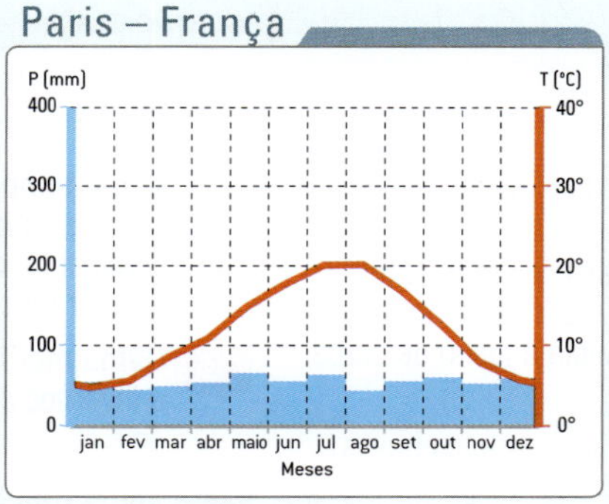

Lima – Peru

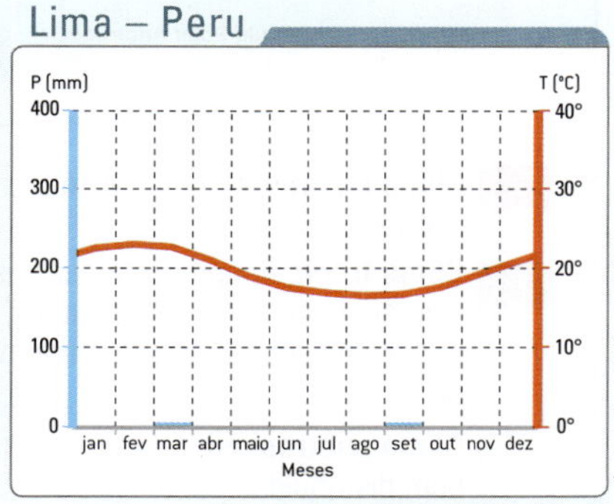

Ilustrações: Gilberto Alicio

Fonte dos gráficos: WMO (World Meteorological Organization). Disponível em: <www.worldweather.org>. Acesso em: 10 set. 2014.

a) Cite um dos meses mais chuvosos em Cingapura.

b) Cite um dos meses em que não chove em Lima.

c) Cite um dos meses de temperaturas mais elevadas em Paris.

d) Em qual dos climas há maior variação de temperatura ao longo do ano?

e) Em qual deles há maior variação de chuvas?

f) Qual dos climas é o mais quente? Qual é o mais frio?

g) Qual dos climas é o mais chuvoso? Qual é o mais seco?

CAPÍTULO 18

Climas da Terra

Muitas regiões do mundo apresentam clima diferente do clima do lugar onde você mora. Por que existem tipos de clima diferentes no mundo? Você conhece alguns desses tipos de clima? Sabe descrever as características de alguns deles?

Já estudamos, nesta unidade, que as condições atmosféricas predominantes em um lugar, no decorrer do ano, caracterizam seu clima. Os climas que atuam sobre a superfície terrestre são muito variados, como podemos observar no mapa abaixo. A classificação climática, que veremos a seguir, leva em consideração a atuação das massas de ar, além de outros fatores, como a latitude, a altitude do relevo e a interferência das correntes marítimas.

Tipos de clima da Terra

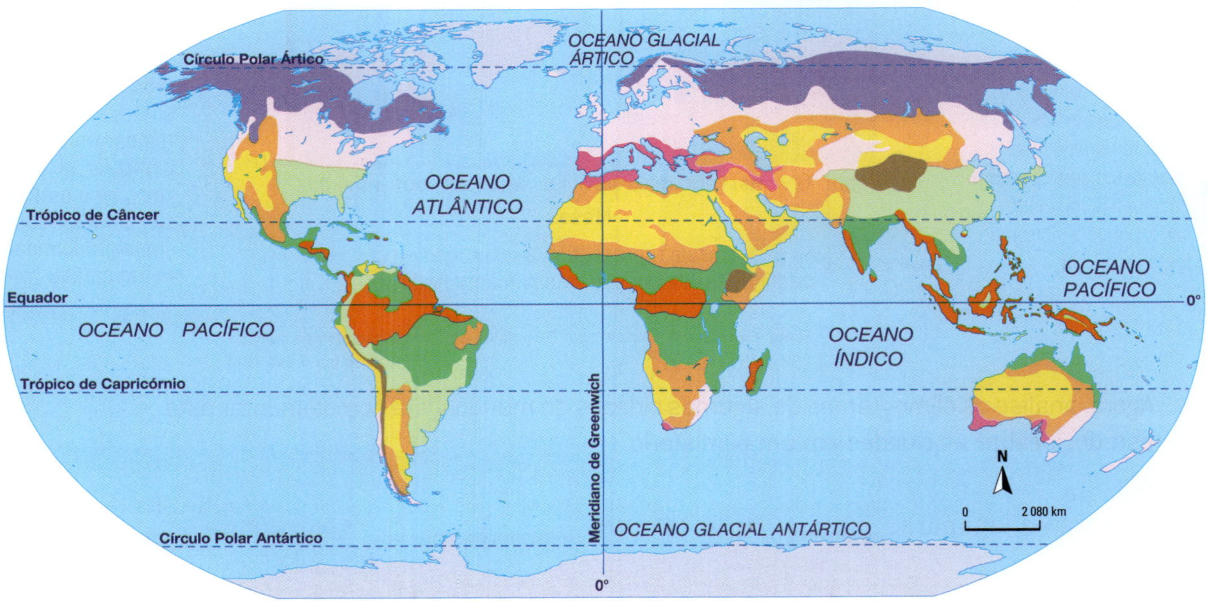

Clima equatorial: é quente e chuvoso durante quase o ano todo.

Clima tropical: apresenta duas estações marcantes – o verão, com chuvas abundantes, e o inverno, com um período de seca. A temperatura média anual é de cerca de 20 °C.

Clima subtropical: apresenta verão quente e chuvas bem distribuídas por todo o ano. Durante alguns meses, especialmente no outono e no inverno, as temperaturas podem ser inferiores a 10 °C.

Clima semiárido: em geral, apresenta-se quente, com baixa umidade atmosférica e longos períodos de seca.

Clima desértico: caracteriza-se por ser extremamente seco o ano todo. As temperaturas podem ser variadas. Existem climas desérticos frios, como o da Patagônia, na Argentina, e quentes, como o do Saara, na África.

Clima temperado: apresenta as quatro estações do ano bem definidas. Em regiões localizadas no interior do continente, os verões são quentes e no inverno chega a ocorrer precipitação de neve.

Clima mediterrâneo: apresenta verões quentes e secos e invernos chuvosos com temperaturas amenas, em torno de 6 °C.

Clima frio: apresenta verão curto, com temperaturas bem amenas, e o inverno longo e rigoroso, com muita neve.

Clima de altas montanhas: apresenta as mesmas características que o clima frio, porém ocorre em regiões com grandes altitudes, mesmo que sejam de baixa latitude.

Clima polar: as temperaturas são muito baixas o ano inteiro, e as precipitações são quase sempre em forma de neve.

Sonia Vaz

Fonte: REFERENCE atlas of the world. 9. ed. London: Dorling Kindersley, 2013. p. XX-XXI.

Por que existem climas diferentes

Vimos no capítulo anterior que as condições de umidade e temperatura e a ação das massas de ar têm importante participação na caracterização do tempo e do clima de um lugar. Outros fatores que também podem influenciar as condições climáticas de uma região são a latitude, a altitude, as correntes marítimas, a maritimidade, a continentalidade e a vegetação.

O efeito da latitude

A tabela e a imagem a seguir indicam a latitude e as temperaturas médias de algumas cidades do Brasil e de outros países da América do Sul. Observe-as.

Cidade	Latitude	Temperatura média
Belém	01°28' S	26,8 °C
Vitória	20°19' S	24,7 °C
Buenos Aires	34°30' S	16,5 °C
Punta Arenas	53°00' S	6,7 °C

Após observar a tabela e a imagem, responda:

1. A temperatura média mais alta foi registrada em qual latitude? E a mais baixa?
2. As temperaturas médias elevaram-se ou diminuíram conforme o aumento da latitude?

Fontes: GEOPÉDIA. Rio de Janeiro/São Paulo: Encyclopaedia Britannica do Brasil, 1990. v. 2. p. 198, 331; WMO (World Meteorological Organization). Disponível em: <http://worldweather.wmo.int/en/home.html>. Acesso em: 23 fev. 2015.

Como pudemos verificar, a temperatura varia de forma inversa à variação da latitude, ou seja, conforme a latitude aumenta, a temperatura diminui e vice-versa.

Isso ocorre por causa da forma esférica da Terra e de seu eixo inclinado, o que faz os raios solares chegarem com intensidades variadas nas diversas porções do planeta.

Nas áreas próximas à linha do Equador, portanto com baixas latitudes, os raios solares incidem perpendicularmente sobre a superfície terrestre, causando um maior aquecimento da superfície e, consequentemente, do ar atmosférico. Isso faz com que essas áreas geralmente apresentem climas quentes.

Já nas áreas distantes da linha do Equador, com latitudes elevadas, os raios solares incidem nas zonas polares de forma mais inclinada. Isso provoca um menor aquecimento nessas porções do planeta, que são dominadas por climas frios.

O efeito da altitude

Hernan Salcedo/Alamy/Latinstock

Na foto ao lado, vê-se o vulcão Chimborazo, em 2012, que deu origem a uma montanha com 6 310 m de altitude, localizada na porção equatoriana da Cordilheira dos Andes, no oeste da América do Sul. Como podemos observar, o cume dessa montanha está coberto por geleiras.

? O que explica a existência de geleiras no topo dessa montanha, localizada na zona térmica tropical do planeta, a região mais quente do globo? Troque ideias sobre essa questão com os colegas.

O exemplo da montanha Chimborazo mostra que a altitude interfere na temperatura atmosférica e, consequentemente, na caracterização dos climas. Isso porque o aquecimento do ar é feito, principalmente, pela superfície terrestre, que transmite para a atmosfera o calor recebido do Sol. Como em altitudes maiores a pressão atmosférica é menor e o ar é mais rarefeito, ele fica menos aquecido.

Assim, quanto maior for a altitude de um lugar, menor será sua temperatura média, e vice-versa. A cada 200 m de altitude, a temperatura do ar diminui cerca de 1 °C.

A influência da altitude determina a formação dos climas frios de montanha, que se encontram nas porções mais elevadas das grandes cordilheiras. No cume dessas montanhas, preserva-se uma grande quantidade de gelo em razão das baixas temperaturas, que permanecem, em geral, abaixo de 0 °C.

Portanto, mesmo as montanhas localizadas em regiões tropicais (de baixa latitude), como grande parte da Cordilheira dos Andes, na América do Sul, apresentam picos nevados.

As altitudes e os climas no Brasil

No Brasil, as altitudes do relevo, ainda que sejam modestas, também influenciam as variações climáticas. O esquema ao lado representa o caso de três cidades — localizadas em latitudes muito próximas — que apresentam temperaturas médias anuais bastante distintas. Observe-o.

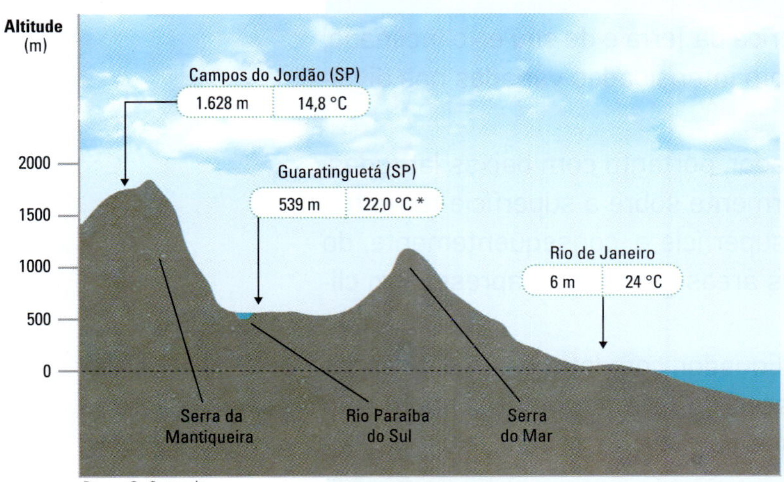

Bruno O. Sampaio

Fontes: Cepagri (Centro de Pesquisas Meteorológicas e Climáticas Aplicadas à Agricultura). Disponível em: <www.cpa.unicamp.br>. Acesso em: 23 fev. 2015; WMO (World Meteorological Organization). Disponível em: <http://worldweather.wmo.int>. Acesso em: 23 fev. 2015.

O efeito das correntes marítimas

As correntes marítimas exercem grande influência sobre a temperatura e a umidade das massas de ar e, portanto, sobre o clima de várias regiões da Terra. A temperatura e a umidade das massas de ar sofrem alterações ao circularem sobre as correntes marítimas. As correntes frias tornam o ar mais frio e mais seco, enquanto as correntes quentes tornam o ar mais quente e úmido. Observe o exemplo a seguir.

A corrente marítima de Humboldt e o deserto do Atacama

A corrente marítima fria de Humboldt, ou do Peru, altera a temperatura e a umidade das massas de ar que circulam pelo Oceano Pacífico, próximo à América do Sul. Dessa forma, o clima se torna seco na costa norte do Chile e ao sul do Peru, o que explica, em grande parte, a existência do deserto do Atacama. Conheça, a seguir, a diversidade do deserto do Atacama.

- A baixa umidade e a elevada altitude tornaram esse deserto um dos melhores locais para observações astronômicas, razão pela qual atrai muitos cientistas.
- A média de precipitação anual observada nos últimos 50 anos foi de 3 mm/ano. Algumas espécies vegetais sobrevivem da umidade proveniente da névoa que se condensa na superfície rochosa.
- As médias térmicas variam entre 22 °C (durante o dia) e 4 °C (durante a noite) no inverno, e entre 27 °C (durante o dia) e 16 °C (durante a noite) no verão.
- Entre os animais que vivem nesse ambiente peculiar estão as lhamas e dezenas de espécies de aves, entre as quais se destaca o flamingo, que se alimenta, principalmente, de microrganismos existentes nos lagos do Atacama.

Deserto do Atacama e correntes marítimas

Fonte: ATLAS geográfico escolar. 6. ed. Rio de Janeiro: IBGE, 2012. p. 58.

Nicolas De Corte/Alamy/Latinstock

Paisagem do deserto do Atacama, no Chile, em 2013.

Maritimidade e continentalidade

Outro fator que influencia o clima de uma região é sua maior ou menor proximidade dos oceanos e mares. Nas regiões litorâneas, a temperatura noturna não diminui tanto em relação à temperatura diurna, pois o calor lentamente liberado pelas águas durante a noite, mantém essas regiões aquecidas. Esse é o **efeito de maritimidade**.

Já as regiões interioranas são influenciadas pelo aquecimento e pelo resfriamento das terras continentais. No interior do continente, as temperaturas noturnas são bem mais baixas que as diurnas, pois o calor absorvido pela terra durante o dia é rapidamente devolvido à atmosfera. Esse é o **efeito de continentalidade**. Observe as imagens ao lado.

Efeito da maritimidade nas regiões litorâneas

A Nos continentes, o calor absorvido durante o dia permanece próximo à superfície. Já nos oceanos e mares, o calor é absorvido até uma grande profundidade.

B Ao anoitecer, o calor contido nos continentes é rapidamente liberado para a atmosfera e a temperatura à noite torna-se mais baixa que durante o dia. No entanto, nos mares e oceanos, a temperatura das águas mantém-se elevada, pois seu resfriamento é muito lento em razão da grande quantidade de calor absorvido durante o dia.

Ilustrações: Somma Studio

Ilustração produzida com base em: Robert W. Christopherson. *Geossistemas*: uma introdução à Geografia Física. 7. ed. Porto Alegre: Bookman, 2012. p. 160.

Amplitude térmica anual

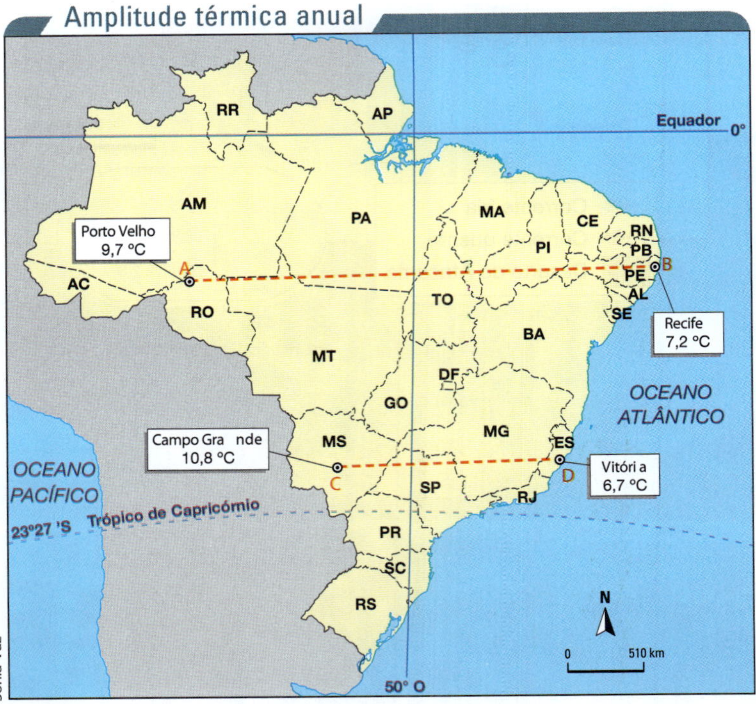

Sonia Vaz

Fonte: Inmet (Instituto Nacional de Meteorologia). Disponível em: <www.inmet.gov.br>. Acesso em: 12 nov. 2014.

Quando comparamos a amplitude térmica média anual de cidades localizadas em latitudes próximas, podemos notar que ela é menor nas cidades litorâneas e maior nas cidades mais distantes dos oceanos e mares. No Brasil, os efeitos da maritimidade e da continentalidade são bem marcantes, como podemos observar no mapa ao lado.

? Considerando a localização do município onde você mora, qual dos efeitos (maritimidade ou continentalidade) exerce maior influência sobre o clima da região?

O efeito da vegetação

A vegetação exerce grande influência sobre a umidade das massas de ar em determinadas regiões do planeta.

As plantas absorvem grande quantidade de água do solo, que circula em seu interior na forma de seiva. O calor do ar faz as plantas transpirarem. Já as gotículas de água que estão na superfície dos vegetais (nas folhas, nos galhos e no caule) e também no solo evaporam rapidamente. A combinação da transpiração com a evaporação dá origem ao fenômeno chamado evapotranspiração.

De acordo com o tipo de vegetação, a atmosfera recebe uma quantidade maior ou menor de umidade, como podemos observar a seguir.

Muitos vegetais da Floresta Amazônica, como a bananeirinha-do-brejo, apresentam folhas largas e viçosas, o que favorece a evapotranspiração.

Loyola

As florestas equatoriais, como a Amazônica, apresentam uma vegetação adaptada ao clima quente e úmido, como vemos na foto a seguir, da região de Tefé, no Amazonas, em 2014. Como as plantas não têm necessidade de armazenar água, devolvem a umidade rapidamente para a atmosfera.

Andre Dib/Pulsar Imagens

Plantas do Sertão nordestino brasileiro, como o mandacaru, um tipo de cacto, apresentam folhas estreitas e miúdas (os espinhos dos cactos são folhas adaptadas). Dessa forma, reduzem a evapotranspiração, evitando a perda de água.

As regiões semiáridas, como o Sertão nordestino do Brasil, apresentam uma vegetação adaptada ao clima quente e seco, como vemos na foto a seguir, de Casa Nova, Bahia, em 2014. Muitas plantas dessas regiões retêm grande quantidade de água e fornecem pouca umidade para a atmosfera, por isso contribuem pouco para a formação de nuvens e para a ocorrência de chuvas.

Cesar Diniz/Pulsar Imagens

Loyola

Climas do Brasil

O Brasil apresenta predomínio de climas quentes em razão, principalmente, da posição geográfica de seu território (localizado em baixas latitudes) e da ação das massas de ar quentes.

Somente a porção sul do país apresenta um clima com temperaturas um pouco mais baixas devido à latitude mais elevada que a de outras partes do país, e também por receber com maior intensidade a influência de massas de ar polares.

Os diferentes climas do Brasil

Observe o mapa abaixo, que apresenta uma das principais classificações dos tipos de clima existentes no Brasil. Na página seguinte, conheça suas principais características e os climogramas de algumas cidades localizadas na área de atuação desses climas.

Tipos de climas do Brasil (classificação de A. Strahler)

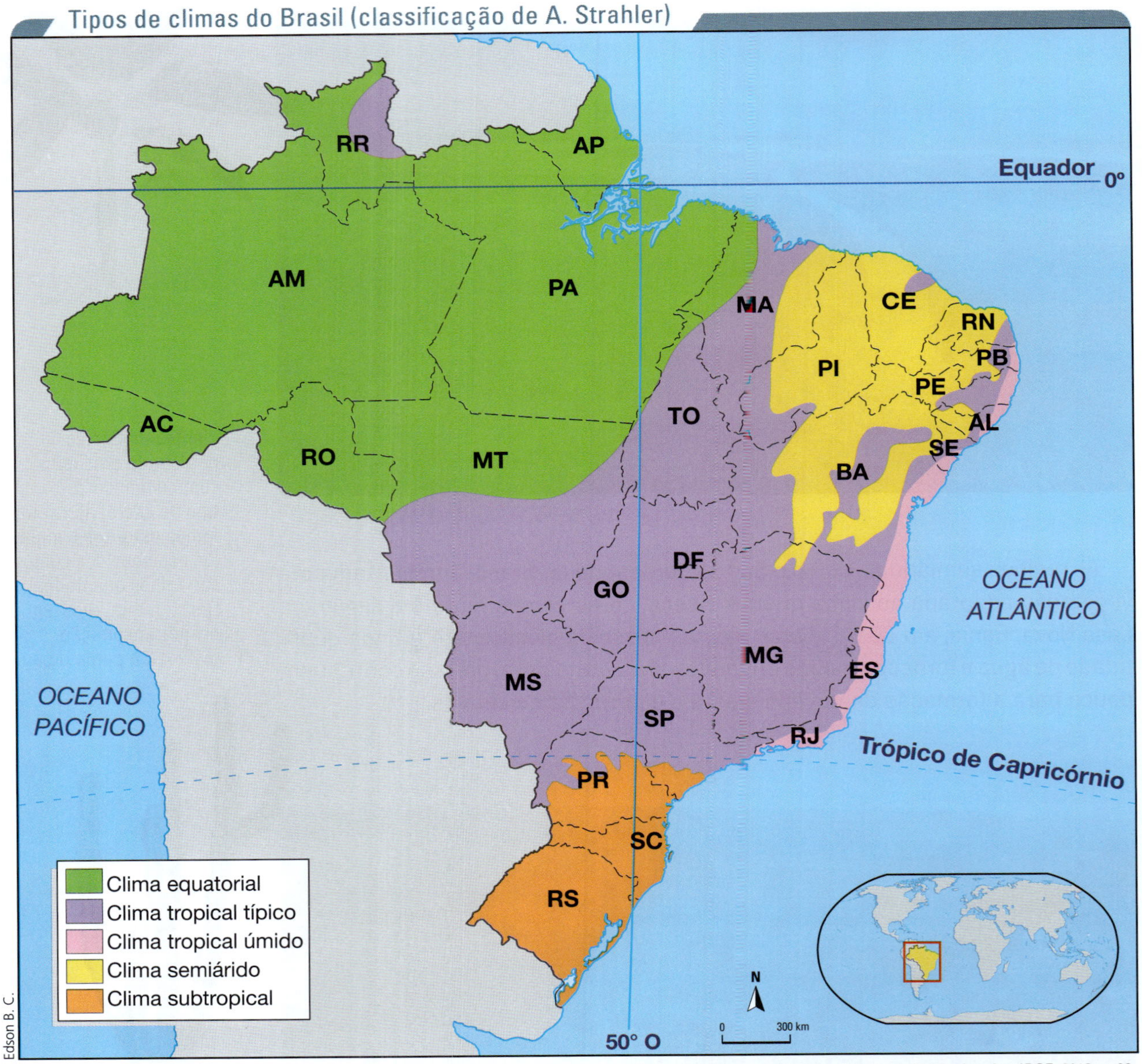

Fonte: ATLAS geográfico escolar. 6. ed. Rio de Janeiro: IBGE, 2012. p. 99.

Clima equatorial

É influenciado pela atuação da massa de ar equatorial continental, que é quente e muito úmida por causa da presença da Floresta Amazônica. As temperaturas são em geral elevadas e variam pouco durante o ano. As chuvas são abundantes praticamente o ano inteiro, porém em agosto e setembro geralmente chove menos do que nos outros meses.

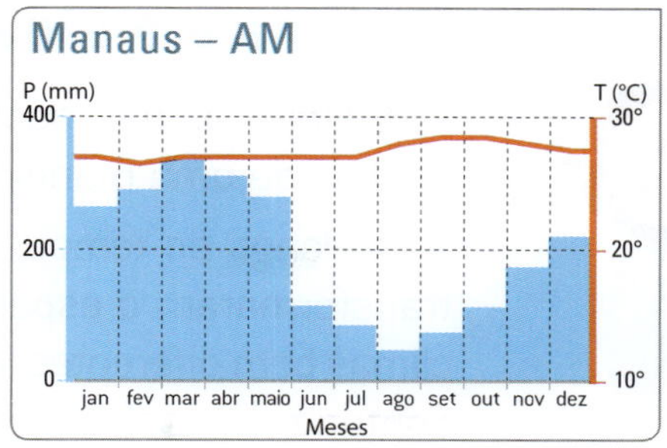

temperatura média: 26 °C
pluviosidade média: 2 600 mm

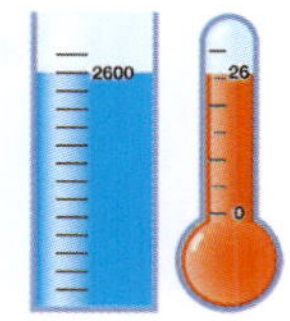

Clima tropical típico

É influenciado pelas massas de ar tropical continental, tropical marítima e equatorial continental. A atuação dessas massas forma duas estações bem definidas: uma mais chuvosa (de outubro a abril) e outra mais seca (de maio a setembro). As temperaturas permanecem elevadas durante todo o ano.

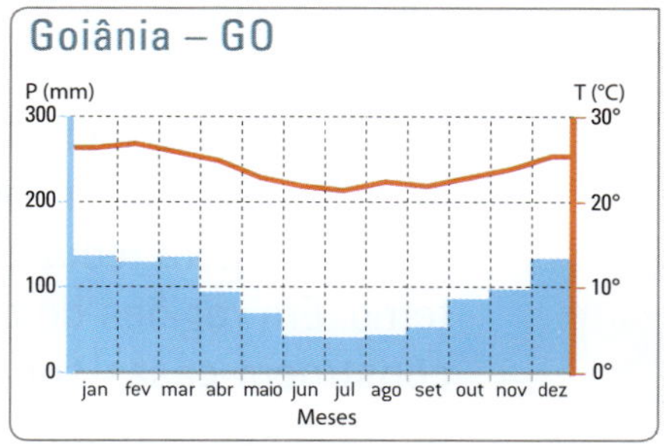

temperatura média: 24 °C
pluviosidade média: 1 500 mm

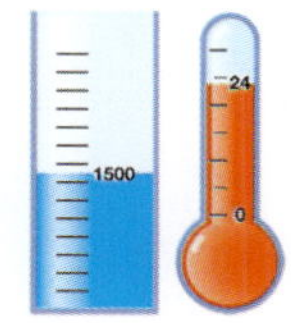

Clima tropical úmido

É influenciado pelas massas de ar equatorial e tropical marítimas; por isso, apresenta temperaturas elevadas e chuvas constantes. De maio a setembro, a massa de ar polar marítima causa queda das temperaturas em determinadas partes da região onde esse clima atua.

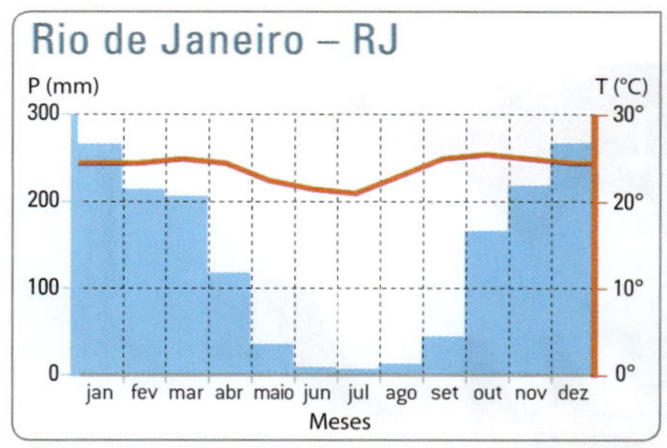

temperatura média: 24 °C
pluviosidade média: 1 800 mm

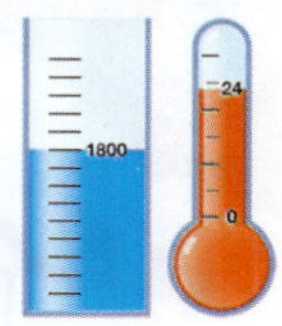

Clima semiárido

É influenciado pelas massas de ar equatorial e tropical marítimas (quentes e úmidas) e muito influenciado pelo relevo localizado na porção litorânea nordestina. O relevo serve como uma barreira à umidade trazida por essas massas de ar, que chegam ao interior (Sertão nordestino) bastante secas. Por isso, nessa área do Nordeste, as chuvas são escassas, se comparadas às de outras áreas do Brasil, e irregularmente distribuídas durante o ano. As temperaturas são elevadas.

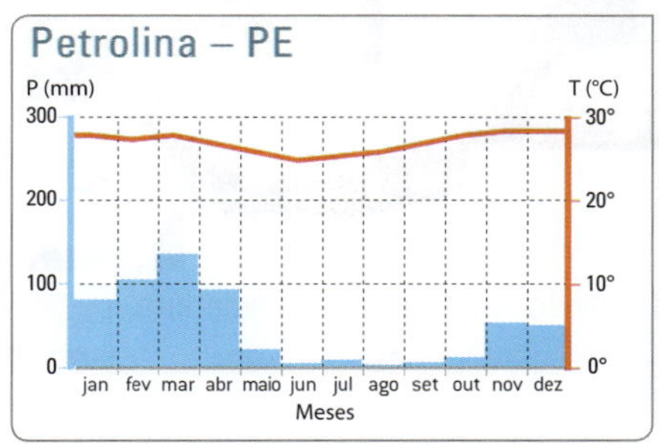

temperatura média: 27 °C
pluviosidade média: 750 mm

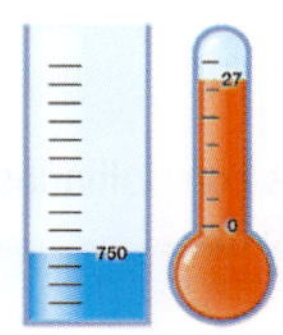

Clima subtropical

É influenciado pelas massas de ar tropical marítima, tropical continental e polar marítima (fria e úmida), que formam as frentes frias durante o inverno. As temperaturas apresentam uma sensível variação entre as estações do ano. No verão, há dias em que elas atingem mais de 30 °C e, no inverno, em algumas áreas, chegam a ser inferiores a 0 °C. As chuvas são bem distribuídas durante todos os meses do ano.

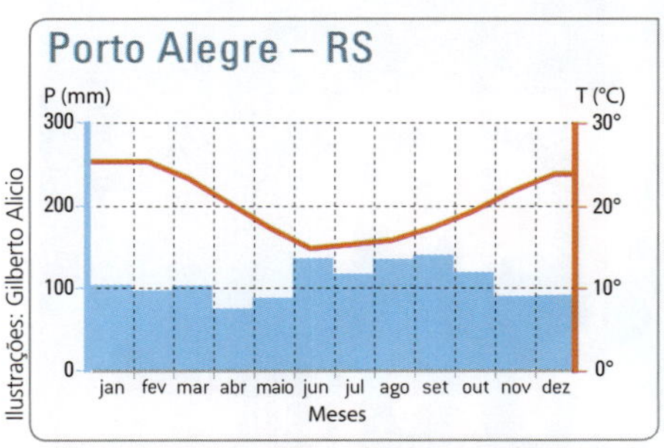

temperatura média: 18 °C
pluviosidade média: 1 500 mm

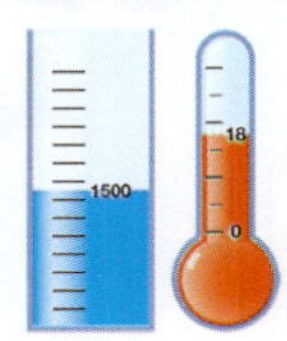

Ilustrações: Gilberto Alício

Ilustrações: Ishikawa

Fonte dos gráficos: Climatempo. *Climatologia*. Disponível em: <www.climatempo.com.br>. Acesso em: 13 out. 2014.

1. De acordo com o mapa da página **180**, qual é o clima predominante no estado onde você mora?
2. A descrição dada a esse clima no quadro acima corresponde, de modo geral, às características dele que você conhece? Por quê?

Vivência e cultura

O clima e a vida do ser humano

Em épocas passadas, a influência do clima na vida do ser humano era sentida de uma maneira muito mais intensa do que atualmente.

Ao longo do tempo, os grupos humanos desenvolveram tecnologias e transformaram o espaço, de forma que, hoje em dia, habitam lugares de climas bem diferentes, praticando as mais diversas atividades econômicas. Contudo, é possível afirmar que o clima continua influenciando a vida de cada sociedade, e por ela também tem sido influenciado.

Em cada parte do planeta, os seres humanos criaram construções adaptadas para o clima regional. Em regiões de clima frio, por exemplo, o inverno costuma ser rigoroso, por isso, boa parte das casas possui telhados inclinados para reduzir o acúmulo de neve e contam com aquecimento interno. Em regiões de clima quente e chuvoso, as populações ribeirinhas constroem casas sobre estacas, chamadas palafitas, para proteger as moradias do aumento do volume de águas dos rios.

Pete Titmuss/Alamy/Latinstock

Casas com telhados inclinados em Hampshire, Inglaterra, em 2013.

José Roberto Couto/Tyba

Moradias do tipo palafitas construídas às margens do rio Amazonas, em Manaus, Amazonas, em 2013.

Marcelo Bittencourt/Futura Press

Vitrine com liquidação de roupas de inverno, ao final da estação, em Florianópolis, Santa Catarina, em 2012.

A variação do clima entre as estações do ano influencia o dia a dia das pessoas. Nas estações mais frias, por exemplo, as pessoas costumam se agasalhar mais e consumir comidas e bebidas mais calóricas. Diferente das estações mais quentes, quando comem alimentos mais leves, e aumenta a procura por eletrodomésticos que amenizem o calor.

Outra influência importante da variação climática é sobre a saúde do ser humano. No Brasil, o inverno, que na maior parte do país costuma ser mais seco que o verão, pode aumentar os casos de doenças respiratórias. O clima influencia diretamente as atividades econômicas, sobretudo aquelas ligadas ao setor de roupas e calçados.

O ser humano descobriu que determinados cultivos desenvolvem-se melhor em climas frios e temperados; outros, em climas quentes. Plantas tropicais, como o café, têm boa produtividade em regiões de clima quente.

O Brasil é um grande produtor de café devido ao clima tropical que predomina na maior parte do país. Já culturas como o trigo, a aveia e a cevada têm alta produtividade em regiões de clima subtropical e temperado, que contam com temperaturas mais amenas.

O mapa a seguir apresenta a distribuição do cultivo de café e aveia no mundo, e as fotos ilustram paisagens dessas diferentes culturas.

John Bracegirdle/Alamy/Latinstock

Ao lado, campo de aveia na Escócia, Reino Unido, em 2013.

Cultivo de café e aveia no mundo

Sonia Vaz

Fonte: GOODE'S World Atlas. 21. ed. p. 41. New York: Rand McNally, 2005.

João Prudente/Pulsar Imagens

Ao lado, plantação de café em Nova Resende, Minas Gerais, em 2014.

Observe no mapa acima que as áreas de cultura de café estão distribuídas nas regiões do planeta onde predominam climas quentes, e as áreas de cultura de aveia estão distribuídas nas regiões de clima temperado, com invernos rigorosos.

Atividades

Revisão

1 Cite um ou mais tipos de clima que ocorrem nas seguintes zonas térmicas da Terra:

a) tropical; b) temperada; c) polar.

2 Compare o mapa dos tipos de clima da Terra, da página **174**, com o planisfério político do final deste volume. Depois, escreva, no caderno, o nome de, no mínimo, dois países onde atuam os seguintes climas:

a) tropical;
b) temperado;
c) de altas montanhas;
d) frio.

3 Que relação existe entre a vegetação da Floresta Amazônica e as abundantes chuvas que caem nessa região?

4 Explique como a altitude influencia o clima de um lugar.

5 Escreva, no caderno, pelo menos duas palavras-chave que caracterizam cada tipo de clima que atua no Brasil.

Análise de climograma e produção de texto

6 Analise o climograma ao lado seguindo os procedimentos abaixo.

a) Verifique a linha que representa a variação da temperatura ao longo do ano. Identifique se as temperaturas oscilam ou permanecem estáveis entre os meses do ano.

b) Observe as barras que representam a variação da pluviosidade. Identifique se as precipitações são regulares ou se existem estações mais chuvosas e mais secas ao longo do ano.

Agora, elabore um texto descrevendo as características observadas na análise do climograma que você realizou.

Porto Alegre – RS

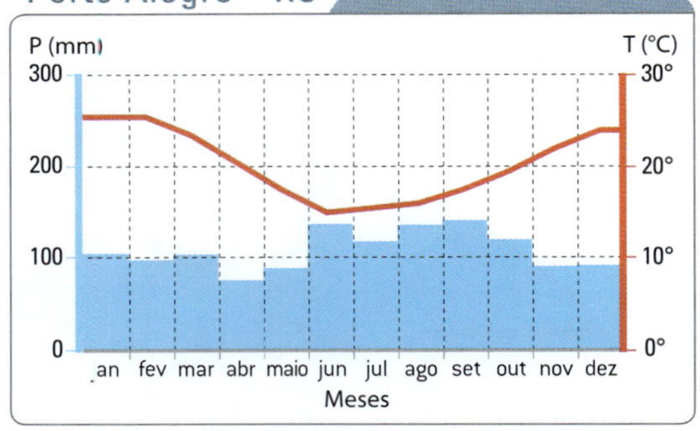

Gilberto Alicio

Fonte: Climatempo. *Climatologia*. Disponível em: <www.climatempo.com.br>. Acesso em: 13 out. 2014.

Análise de imagens

7 Observe a paisagem da foto abaixo e verifique no mapa a sua localização. Depois, observe no mapa de correntes marítimas da página **152** as características da corrente marítima mais próxima e sua provável influência sobre as condições climáticas da paisagem da foto. Escreva sua resposta no caderno.

Len Wilcox/Alamy/Latinstock

Paisagem do deserto de Mojave, na Califórnia, em 2014.

Deserto de Mojave

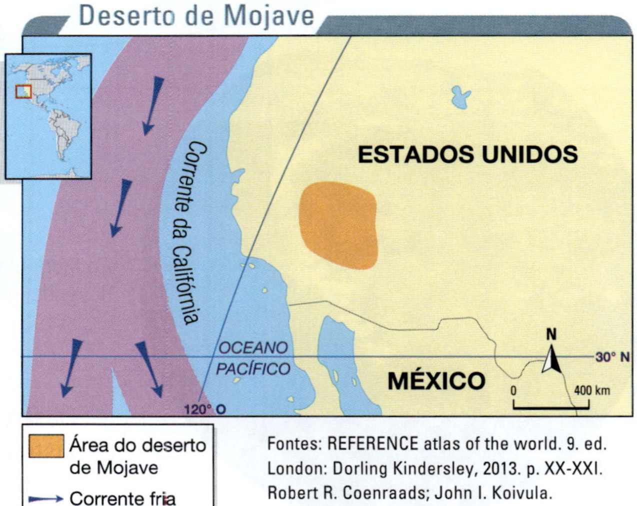

Edson B. C.

Fontes: REFERENCE atlas of the world. 9. ed. London: Dorling Kindersley, 2013. p. XX-XXI. Robert R. Coenraads; John I. Koivula. *Geológica:* las fuerzas dinámicas de la Tierra. Barcelona: H. F. Ullmann, 2008. p. 370.

Atividades de compreensão

8 Existem grandes diferenças de temperatura entre as porções norte e sul do território brasileiro, principalmente no inverno. No mês de julho, por exemplo, em Fortaleza (CE), a temperatura média é de aproximadamente 26 °C, enquanto em Florianópolis (SC) ela chega a apenas 16 °C. Essa diferença ocorre por causa do efeito da latitude ou do efeito da altitude? Explique sua resposta.

9 James Glaisher, um balonista que viveu na Inglaterra entre os séculos XIX e XX, descobriu em suas viagens que, conforme o balão ganhava altitude, a temperatura do ar diminuía. Pesquise a razão da ocorrência desse fenômeno.

Observação e análise do meio

10 Com a ajuda do professor, caracterize o clima do lugar onde você mora, respondendo, no caderno, às seguintes questões:

a) No lugar onde você mora existem grandes diferenças nas condições climáticas entre alguns períodos do ano?

b) Quais são os meses mais quentes do ano? E os mais frios? Quais são os meses mais chuvosos? E os mais secos?

c) Quais são as condições locais do tempo meteorológico neste momento (o dia está ensolarado, nublado, chuvoso, frio, quente)? Tais condições atmosféricas condizem com o tipo de clima característico desse lugar nesta época do ano? Justifique sua resposta.

GEOGRAFIA na Rede

Previsão do tempo – CPTEC

Site do Inpe, Instituto Nacional de Pesquisas Espaciais: apresenta previsão do tempo para todo o Brasil, por cidades.

<**www.cptec.inpe.br/**>

www.cptec.inpe.br

Além disso...

Planeta Terra: o poder do planeta – Atmosfera
<http://tvescola.mec.gov.br/tve/video?idItem=5279>

Vídeo sobre as características da atmosfera terrestre e como ela é importante para a manutenção da vida em nosso planeta. Planeta Terra: o poder do planeta – Atmosfera. (Dublado em português) Duração: 49min11seg.

A Era do Gelo

Divertida animação sobre as aventuras de diversos animais na Era do Gelo. Direção: Chris Wedge e Carlos Saldanha. 20th Century Fox, 2002.

Twister

Filme que envolve a história de dois grupos de cientistas rivais na investigação de um grande tornado. Direção: Jean de Bont. Universal Pictures, 1996.

Clima e meio ambiente

José Bueno Conti. São Paulo: Saraiva, 2013. Livro sobre as diversas interações entre clima, ambiente e recursos naturais.

Brr... Muito frio no Piauí!

O Nordeste brasileiro é famoso pelo calor, pelo sol de rachar e por seu clima muitas vezes árido, certo? Mas paleontólogos fizeram uma descoberta de fazer qualquer um cair para trás. Eles encontraram, no Piauí, indícios da presença de geleiras. Isso mesmo, você não leu errado: blocos de gelo gigantes, que pesavam muitas toneladas, já foram comuns naquela região.

Antes das geleiras tomarem conta do Piauí, um mar amplo e raso cobria quase todo o Nordeste do Brasil. [...]

E como foi então que o gelo tomou conta do lugar? Para entender melhor essa história, vamos voltar um pouquinho no tempo – cerca de 356 milhões de

As estrias observadas neste terreno foram ocasionadas pelo deslocamento de imensas e muito pesadas geleiras, indicando que em um passado bem remoto essa área do Piauí, atualmente uma das mais quentes do Brasil, já foi muito fria. As imagens desta página são de Luiza Corral Martins de Oliveira Ponciano, fruto de um trabalho de pesquisa nessa região.

Como reduzir a poluição do ar

Vivência e meio ambiente

O ar é um recurso essencial à vida em nosso planeta, e sua poluição pode trazer graves danos ao meio ambiente e aos seres humanos. O combate à poluição atmosférica deve ser tratado com seriedade pela sociedade.

Várias medidas podem ser tomadas para diminuir a poluição do ar no campo e nas cidades, como as apresentadas a seguir.

- Preservar e recuperar florestas e outras áreas de vegetação natural. A recuperação de áreas de matas e florestas já devastadas pela ação humana aumenta a vegetação nativa, que funciona como filtro do gás carbônico presente na atmosfera.
- Evitar queimadas em lavouras, pastagens e florestas, e substituir produtos químicos, usados como defensivos agrícolas, por técnicas de controle biológico. Com o controle biológico, os agricultores podem diminuir ou mesmo eliminar o uso de produtos tóxicos que, ao ser aplicados nas lavouras, causam a contaminação do ar.
- Utilizar fontes de energia menos poluentes para movimentar indústrias, automóveis e usinas elétricas, como a força dos ventos, os biocombustíveis e o hidrogênio.
- Criar sistemas de transporte coletivo eficientes e fiscalizar a obrigatoriedade da instalação de filtros nos veículos e nas chaminés das fábricas contribuem com a diminuição de lançamento de fuligem e gases tóxicos na atmosfera.

controle biológico: método natural que dispensa o uso de inseticidas químicos no combate às doenças e pragas que atacam lavouras. Esse combate é feito com predadores ("inimigos") naturais, como larvas, lagartas, insetos e fungos, capazes de reduzir e até eliminar os organismos nocivos às lavouras

biocombustível: combustível de origem vegetal que serve para substituir os derivados do petróleo, ou ser adicionado a eles. Como exemplo, temos o etanol, álcool proveniente da cana-de-açúcar

Palê Zuppani/Pulsar Imagens

A energia eólica, gerada pela força dos ventos, é uma alternativa para a produção de energia que não polui o ar. Ela é utilizada em muitos países do mundo. A foto acima, de 2014, mostra parte de um parque gerador de energia eólica em Bom Jardim da Serra, Santa Catarina.

Matthew Chattle/Alamy/Lantinstock

Em muitos lugares do mundo, é comum o uso de bicicletas para o deslocamento de casa para a escola ou para o trabalho. Entretanto, para que isso seja possível, é necessária a construção de ciclovias, como vemos na imagem acima, de 2013, em Londres, Inglaterra.

Atividades

Revisão

1 Escreva, no caderno, dois exemplos de causas da poluição atmosférica:

a) na cidade;
b) no campo.

2 Explique como ocorre a chuva ácida (se possível, faça um desenho para ilustrar esse fenômeno).

3 Como ocorre a inversão térmica?

4 Quais são os principais efeitos na saúde da população provocados pela poluição quando ocorre a inversão térmica?

5 Descreva a diferença entre:

a) efeito estufa natural;
b) efeito estufa intensificado.

6 Segundo especialistas, o aquecimento global pode provocar mudanças climáticas significativas em todo o planeta. Cite três dessas mudanças.

Análise de texto e elaboração de poema

7 [...]
a sujeira e a fumaça
estão conseguindo
o impossível;
pássaros morrendo por falta de ar
peixes morrendo de sede no mar.

'Ecalogia'. Ulisses Tavares. *Viva a poesia viva*. 9 ed. São Paulo: Saraiva, 2011. p. 69.

a) O que o autor do texto quer dizer no trecho "pássaros morrendo por falta de ar"?

b) Escreva também um poema expressando o que você pensa sobre as consequências provocadas pela poluição do ar.

Giro pela Língua Portuguesa

Trabalho com representações

8 Grande parte do aumento de gases causadores do efeito estufa na atmosfera tem sido gerada por um conjunto restrito de países, sobretudo os mais industrializados. O mapa abaixo, com dados de 2011, representa o volume total de dióxido de carbono (CO_2) emitido anualmente por país, assim como a quantidade anual de CO_2 gerada por habitante. Observe-o e compare os dados apresentados.

Emissão de CO_2 no mundo (2011)

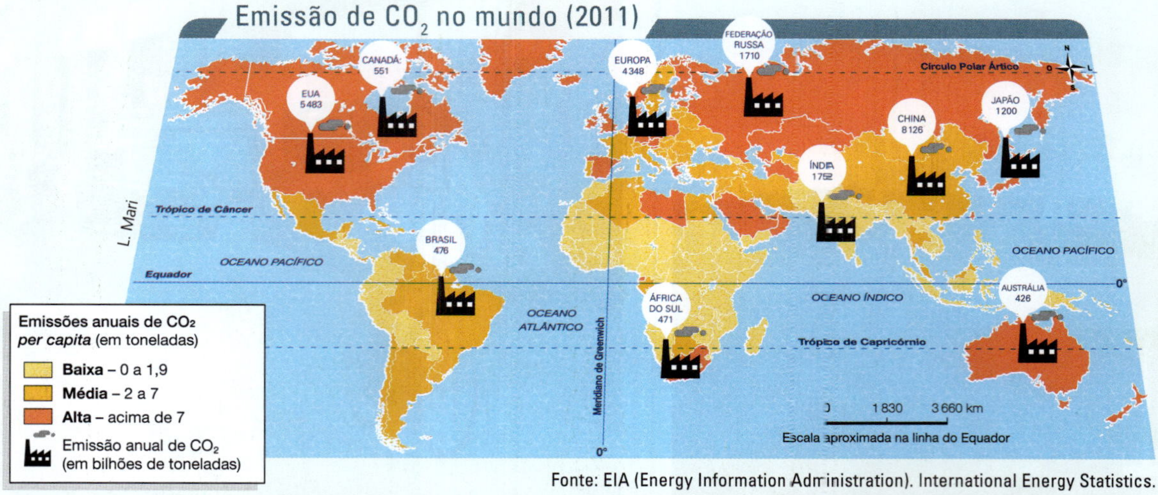

Fonte: EIA (Energy Information Administration). International Energy Statistics. Disponível em: <www.eia.gov/cfapps/ipdbproject/IEDIndex3.cfm?tid=90&pid=44&aid=8>. Acesso em: 14 mar. 2012.

a) Quais foram os países que mais produziram CO_2 no mundo em 2009?

b) Qual foi o volume total de CO_2 gerado pelo Brasil em 2009?

c) Como o Brasil se classifica em relação à produção anual de CO_2 *per capita*?

d) Em que regiões do planeta se localizam os países que menos poluem?

CADERNO DE TEMAS ESPECIAIS

Caro aluno,

O Caderno de temas especiais foi criado para oferecer a você diferentes possibilidades de ampliar seus conhecimentos em Geografia. Nele você vai encontrar trabalhos que envolvem procedimentos importantes dessa disciplina e atividades motivadoras que podem ser realizadas com os colegas dentro ou fora da sala de aula. Além disso, há textos e roteiros de análise que buscam detalhar temas abordados no livro-texto.

Com as atividades propostas neste caderno, você poderá desenvolver novas habilidades e aprofundar-se no estudo dessa disciplina escolar.

Então, mãos à obra!

Os autores.

Arte e paisagem

Há muito tempo, vários artistas criam obras que representam paisagens de lugares onde viveram ou que visitaram. Em diversas pinturas, podemos observar elementos naturais — como florestas, montanhas e rios — e elementos culturais — como cidades, plantações e, também, o cotidiano de moradores do campo e das cidades.

As obras de arte expressam, de maneira muito particular, o modo como os seres humanos relacionam-se e organizam o espaço em sociedade.

A partir de agora, vamos observar e analisar alguns trabalhos artísticos para perceber de que forma eles podem revelar peculiaridades de diferentes lugares e épocas. Observe, então, as imagens a seguir.

Giro pela Arte

Séc. XV. Velino. Museu Condé, Chantilly, França. Foto: White Images/Scala, Florence/Glow Images

Nesta iluminura do século XV intitulada *Outubro*, os irmãos Paul, Hermann e Jean de Limbourg representaram o cotidiano de camponeses europeus, durante a Idade Média, nos arredores de um castelo próximo a Paris, na França.

Ela faz parte da obra *As riquíssimas horas do duque de Berry*, considerado um dos maiores tesouros artísticos do mundo, de grande importância para os estudos históricos e geográficos.

A artista norte-americana Jane Wooster Scott representa nesta tela, intitulada *Springtime in Central Park* (*Primavera no Central Parque*), criada na década de 1980, um momento de lazer dos habitantes da cidade de Nova York, nos Estados Unidos.

Jane Wooster Scott. *Primavera no Central Parque*, 1982. Coleção Particular

O artista francês Jean-Baptiste Debret (1768-1848) viveu no Brasil no início do século XIX e pintou diversas paisagens brasileiras. Na obra abaixo, de 1827, ele retrata a ponte de Santa Efigênia, atualmente a movimentada avenida São João, na região central da cidade de São Paulo.

Jean-Baptiste Debret. *Ponte de Santa Ifigênia*, 1827. Coleção Particular

Tarsila do Amaral. *Paisagem com touro I*, c. 1925. Coleção Roberto Marinho, Rio de Janeiro, Brasil. Tarsila do Amaral Empreendimentos

No quadro *Paisagem com touro I*, pintado em 1925, a artista brasileira Tarsila do Amaral retratou uma típica paisagem rural brasileira do início do século passado. Tarsila utilizava cores fortes e seu traço característico para criar pinturas de temas e paisagens rurais inspirando-se, muitas vezes, na linda paisagem da fazenda em que morava em Itupeva, no interior do estado de São Paulo.

1. Quantos planos da paisagem é possível observar em cada obra? Descreva os elementos identificados em cada imagem.
2. Identifique, nas legendas das imagens, os lugares e as épocas representados. Anote também os elementos naturais e culturais que se observam.
3. As paisagens retratadas são urbanas ou rurais? Que elementos caracterizam esses tipos de paisagem?
4. Com base nos elementos identificados, que hipóteses você pode levantar sobre o modo de vida dos moradores desses lugares, nas épocas representadas?
5. Aprecie novamente as obras reproduzidas nas páginas anteriores para realizar as atividades a seguir.
   a) Como podemos notar, cada artista representa os elementos da paisagem de acordo com a própria percepção, ou seja, cada um deles utiliza formas, cores, textura e abordagens diferentes. Anote as particularidades que você observou.
   b) Todo elemento retratado em uma pintura ou desenho, inclusive nos pequenos detalhes, é importante para o estudo apurado da paisagem representada. Analise, então, as imagens anteriores com os colegas e o professor, observando detalhes que podem caracterizar as paisagens, as relações entre as pessoas e as relações entre as pessoas e o espaço que as rodeia.
   c) Que aspectos das obras de arte chamaram sua atenção? De qual delas você gostou mais? Por quê?

Agora é sua vez

Você também pode retratar paisagens e registrar sua impressão sobre os elementos existentes no lugar onde vive. Escolha uma paisagem próxima de sua casa ou de sua escola. Pode ser a paisagem de uma rua, de uma praça, de casas e prédios, de uma área rural, enfim, daquilo que você achar mais interessante. Para fazer o trabalho, siga os passos abaixo.

O que usar

- meia folha de cartolina branca;
- um lápis;
- uma borracha;
- um pincel;
- tinta azul, vermelha, amarela, branca e preta.

Observação: Esses materiais podem ser substituídos. A tinta, por exemplo, pode ser substituída por giz de cera ou lápis de cor.

O que fazer

1. Desenhe a lápis, na cartolina, os elementos da paisagem que você escolheu. Isso pode ser feito no local onde você observou a paisagem, em casa ou na escola.

2. Na sala de aula, com a ajuda do professor, ou em casa, pinte os elementos que você desenhou.

3. Depois da atividade concluída, promova com os colegas uma exposição das pinturas produzidas pela turma. Juntos, comparem as características de cada autor, os pontos de vista utilizados, os elementos naturais e culturais, os registros de atividades e outros que acharem importantes.

Ilustrações: M. Nakano

Maquete: uma representação em miniatura

O que é maquete? Assim como um carrinho de brinquedo, maquete é a miniatura, ou seja, a representação em tamanho bastante reduzido de um objeto, de uma construção ou de espaços como praças, bairros ou sítios.

As maquetes ajudam a compreender como os mapas são produzidos. Você pode verificar essa informação construindo uma maquete, que, depois, servirá de base para produzir um mapa.

Leonardo Mari/ASC Imagens

Muitas vezes, engenheiros e arquitetos produzem maquetes de construções que pretendem realizar. Desse modo, eles podem visualizar como ficará concretamente a obra que projetaram no papel. Observe ao lado a maquete de um edifício residencial.

Agora é sua vez

Veja as etapas que você pode seguir para construir e analisar uma maquete e, depois, elaborar um mapa a partir dela.

- **ETAPA 1**

O que usar

- uma folha de cartolina branca;
- um pedaço de papelão ou de isopor do tamanho necessário;
- folhas de papel de cores variadas;
- uma folha de papel crepom verde;
- lápis de cor, giz de cera, canetinha colorida ou guache;
- cola, fita adesiva e régua;
- tesoura com pontas arredondadas;
- materiais descartáveis, como caixinhas vazias, copos plásticos, palitos de fósforo ou de sorvete, rolhas, retalhos de papel e de tecido etc.

Pensando na proporção

Ao confeccionar uma maquete, é preciso respeitar a proporção entre o tamanho dos elementos que serão representados. Um elemento que, na realidade, é menor do que outro, quando representado na maquete, também deve ser proporcionalmente menor.

Assim, um banco de praça é menor que um automóvel. Um automóvel, por sua vez, é menor que um ônibus e este é menor que um edifício de apartamentos. Por isso, o automóvel deve ser representado em tamanho menor que o do ônibus.

• ETAPA 2

Como fazer

Giro pela Arte

Pense em um espaço urbano ou rural ou em outro lugar que você gostaria de representar em uma maquete. No caso de um espaço urbano, defina como serão as ruas, os quarteirões, se haverá hospital, escola, residências, igrejas, estabelecimentos comerciais, praça, bosque etc. Se você escolher um espaço rural para representar, defina se existirão plantações, criações de animais, residências, rios, lagos, árvores, estradas etc.

1. Construa a base da maquete colando a cartolina na folha de isopor ou de papelão. O tamanho da base pode ser de aproximadamente 70 cm de comprimento por 50 cm de largura. Separe materiais de sucata, como caixas, palitos, papéis.

2. Em seguida, confeccione os elementos que serão utilizados na maquete. Eles podem ser construídos com os mais diversos materiais. Os prédios e as casas, por exemplo, podem ser feitos com caixinhas encapadas, nas quais devem ser desenhadas portas e janelas.

3. Para fazer a copa da árvore, prenda com fita adesiva uma porção de tiras de papel ou de papel crepom verde. Depois, fixe com fita adesiva ou cola esse conjunto de tiras em uma das extremidades do palito (ou tronco). O tronco da árvore também pode ser feito com um papel firme, como retalhos de papelão, de caixas etc. Para deixar a árvore em pé, encaixe um suporte na base.

Monte a maquete determinando a posição dos elementos na base. Depois de definir a distribuição de cada elemento, trace na base da maquete as ruas, as quadras ou as estradas. Em seguida, fixe os elementos em seus lugares. Está pronta a maquete!

Ilustrações: M. Nakano

Se você conhece outras maneiras de representar casas, edifícios ou os demais elementos de uma maquete, conte aos colegas e verifique o que eles sabem. Use a criatividade para construir sua maquete.

- **ETAPA 3**

Estudando os pontos de vista

Utilize a maquete que você fez para estudar os diferentes pontos de vista a partir dos quais podemos observar uma paisagem. Observe sua maquete dos pontos de vista: horizontal, oblíquo e vertical.

Visão horizontal: olhando de frente

Nessa visão, a paisagem é observada de modo frontal. É possível ver a face dos elementos que está voltada para quem a observa. A parte de cima, as laterais e a face oposta ao observador não podem ser vistas. Observe na imagem ao lado a visão horizontal de uma maquete.

Agora, observe sua maquete do ponto de vista horizontal. Descreva o que pode e o que não pode ser visto a partir dessa perspectiva.

Visão oblíqua: olhando de frente e do alto

Nessa visão, a paisagem é observada frontalmente, mas do alto, o que permite avistar a face de cima e parte das laterais dos elementos representados. Os lados opostos ao observador não podem ser vistos. Observe na imagem ao lado a visão oblíqua de uma maquete.

Agora, observe sua maquete do ponto de vista oblíquo. Descreva o que pode e o que não pode ser visto a partir dessa perspectiva.

Visão vertical: olhando do alto e de cima para baixo

Nessa visão, a paisagem é observada do alto, como se o observador estivesse em um avião, balão ou helicóptero, o que torna possível ver apenas a parte de cima dos elementos. As laterais não podem ser vistas. Observe na imagem ao lado a visão vertical de uma maquete.

Agora, observe sua maquete do alto, de cima para baixo. Se for preciso, coloque-a no chão para melhor visualizá-la. O que você vê dessa perspectiva? O que não vê?

Ilustrações: M. Nakano

- **ETAPA 4**

Elaborando um mapa

Que tal pôr em prática suas habilidades cartográficas?

Como você já estudou, os mapas representam os elementos de um espaço como se fossem observados do ponto de vista vertical. As maquetes nos auxiliam na compreensão desse processo, pois, por meio delas, é fácil visualizar de cima para baixo o espaço que representam.

Observe a seguinte maquete do ponto de vista vertical e o mapa que a representa.

Visão vertical de uma maquete.

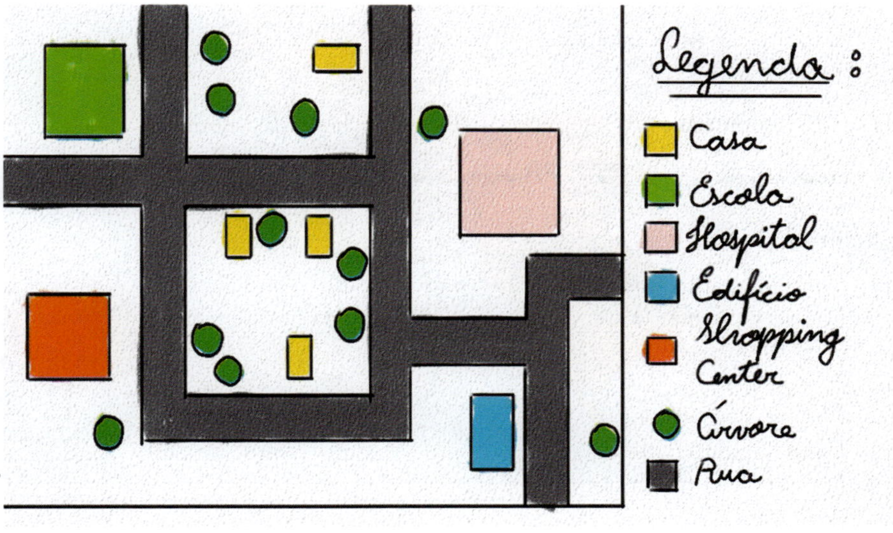

O mapa representa os elementos de um espaço vistos de cima para baixo.

Ilustrações: M. Nakano

Agora, observe sua maquete a partir da visão vertical.

1. Verifique o contorno dos elementos por esse ponto de vista e copie suas formas em uma folha de papel. Você deve manter a mesma localização e a proporção dos elementos da maquete. Esse será o mapa do espaço representado em sua maquete.
2. O passo seguinte é produzir uma legenda que identifique os elementos representados no mapa para torná-lo compreensível. Veja acima um exemplo de legenda.

Mapas

Brasil político

Fonte: ATLAS geográfico escolar. 6 ed. Rio de Janeiro: IBGE, 2012. p. 94.

América político

Fonte: ATLAS geográfico escolar. 6 ed. Rio de Janeiro: IBGE, 2012. p. 37, 39, 41.

Mapa-múndi político

Fonte: ATLAS geográfico escolar. 6 ed. Rio de Janeiro: IBGE, 2012. p. 32.